相似理论与相似方法

李　畅　阎卫东　苑春苗　**编著**

东北大学出版社
·沈　阳·

ⓒ 李　畅　阎卫东　苑春苗　2022

图书在版编目（CIP）数据

相似理论与相似方法 / 李畅，阎卫东，苑春苗编著
. — 沈阳：东北大学出版社，2022.9
ISBN 978-7-5517-3134-8

Ⅰ. ①相… Ⅱ. ①李… ②阎… ③苑… Ⅲ. ①相似性
理论 Ⅳ. ①N032

中国版本图书馆 CIP 数据核字（2022）第171952号

内容简介

本书在国内外相似理论与相似方法研究的基础上，从工程实用的角度系统地阐述了相似理论的概念、准数的意义与确定方法、准数的选取及实例应用，以工科视角详述了相似理论的三个定理在科学研究与工程应用中的意义与作用。

本书编写的目的是使读者对相似理论与相似方法有系统全面的认识，帮助读者提高科学研究及解决实际复杂工程问题的能力。本书既可作为高等院校工科专业教师和学生的参考用书，也能够使从事相关生产领域的工程师有所受益。

出 版 者：东北大学出版社
　　　　　地址：沈阳市和平区文化路三号巷11号
　　　　　邮编：110819
　　　　　电话：024-83680267（社务部）　83687331（营销部）
　　　　　传真：024-83683655（总编室）　83680180（营销部）
　　　　　网址：http://www.neupress.com
　　　　　E-mail:neuph@neupress.com
印 刷 者：沈阳市第二市政建设工程公司印刷厂
发 行 者：东北大学出版社
幅面尺寸：170 mm × 240 mm
印　　张：9
字　　数：162千字
出版时间：2022年9月第1版
印刷时间：2022年9月第1次印刷
策划编辑：牛连功
责任编辑：周　朦　　　　　　　　　　　责任校对：张庆琼
责任出版：唐敏志　　　　　　　　　　　封面设计：潘正一

ISBN 978-7-5517-3134-8　　　　　　　　　　　定价：30.00元

前　言

　　相似理论与相似方法是人们解释物理现象或解决复杂工程问题的常用方法。随着科学的发展与社会的进步，该理论与方法在工程领域的作用日益重要，成为解决实际复杂工程问题的有力工具。同时，该理论与方法是一门比较抽象、难以理解的科学，现有的相关图书大多数年代比较久远，而且未从便于工程人员应用的角度阐述分析该理论与方法。本书编写的目的就是通过化繁为简、化抽象为形象的方式，把便于工程人员理解的相关知识进行融合，从工程人员的视角系统地阐述相似理论的基础知识及应用实例，以增强读者对该理论与方法的理解及掌握。本书旨在使读者在阅读时，能根据自身知识背景，将相似理论与需要解决的工程问题相结合，有利于读者把相似理论的知识应用于实践。

　　本书首先介绍了相似理论中的基础概念和获取准数的各类方法，随后阐述了相似三定理的作用、意义及实际应用，最后列举了相关应用实例供读者进行参考，层层递进，逐步从理论知识拓展到实际应用。

　　本书共分为7章。其中，第1章介绍了相似理论与相似方法中的基本概念；第2章介绍了相似第一定理的概念，并利用几何图形对其进行了说明，重点阐述了获取相似准数的三种方法；第3章论述了量纲（因次）分析法的相关知识及其使用时的注意事项；第4章着重阐述了相似第二定理（布金汉π定理）的定义及推导过程；第5章阐述了相似第三定理的作用及应用方法；第6章重点介绍了相似理论的应用实例；第7章列举了相似理论的典型例题。

本书中所有研究工作都是在国家自然科学基金项目（项目编号：51974189，51874070）、辽宁省自然科学基金项目（项目编号：2020-KF-13-01）、辽宁省"兴辽英才计划"项目（项目编号：XLYC2007089）、中央高校基本科研业务费项目（项目编号：N2101003，N2101042，lnqn202006）等资助下进行的。在本书编写过程中，中煤科工集团沈阳研究院有限公司梁运涛、田富超给予了专业技术指导，东北大学丁世勋、张靖林、张浩楠和沈阳建筑大学于双齐、武丹丹等做了大量的文献调研及整理工作，同时著者参考、借鉴和使用了国内外专家学者的相关文献资料，在此对以上人员及相关文献资料的作者表示感谢。

由于著者水平有限，加之编写时间仓促，本书中难免会有错误或疏漏之处，敬请读者批评指正。

著　者

2022年3月

目　录

绪　论

古往今来，人们在进行各种物理现象或工程问题研究时，常常会遇到一些高等数学或直接实验难以解决的问题；或者虽然遇到的问题有解决的可能，但又受到时间、空间条件的限制和社会条件的约束而不知所措。在这种情况下，人们便不得不去寻求相似理论等有别于传统研究模式的理论去解决问题。相似理论是关于自然界和工程科学中各种相似现象、相似原理的学说，它的核心内容是相似三定理。

多年来，人们在探索自然规律过程中，利用相似理论已形成一种研究自然界和工程科学中各种相似性问题的新方法，即所谓"相似方法"。近几十年来，相似方法在深度和广度上不断发展、日臻完善，日益受到人们的重视，在生产生活中的应用也越来越广泛。相似方法可以简单地描述为一种可以把个别现象的研究结果推广到所有相似的现象上去的科学方法。反过来理解，可以得出相似方法也是现象模拟方法的基础。

可以针对具体的研究领域来理解相似理论的作用。例如，力学中的运动和平衡问题，可以理解为通过确定某些函数和数值来表征力学现象的问题。首先，在求解这些问题时，自然定律和各种几何关系通常以函数方程（如微分方程）的形式表示，并用这些方程定性地描述运动的一般性质或基本规律。然后，利用数学工具（如数值计算等）并结合工程实际，进一步地计算确定该问题具体的函数关系（如定解）。但是，鉴于某些力学问题（如航空力学、流体力学、结构强度和变形等）的复杂性，数学表达式有时无法通过数学推理和计算等手段获得定解，甚至无法对该问题进行完整的数学表达（如无法建立数学模型、找不到相应的运动方程组等）。在这种情况下，相似方法将很有可能成为人们解决上述复杂问题的另一条途径，并帮助他们找到其中某些影响因素之间的相互关系。一般来说，对自然现象的一切研究都是从弄清影响因素之间的相互关系入手的，根据这些关系，可以确定所研究现象的规律，并将它们写成数学关系式的形式。

因此，可以说相似理论是把数学模型分析和实验研究结合起来的桥梁。它既可以把一般形式的准则方程（由描述物理过程的微分方程得出）用于指导实验研究，使个别实验的结果具有普遍意义，又可以利用实验所测得的可靠数据来充实、完善理论分析。此外，利用相似理论可将数理方程无量纲化，进而对方程中的各项进行数量级分析，从而可以看出方程中各项的相对重要性，使人们能够对一些复杂现象得出定性的认识。

应该指出的是，相似方法不是一种独立的科学研究方法，只是实验研究和理论研究的一种辅助方法。与数学分析方法和实验研究方法不同，仅靠相似方法不能独立揭示各种物理现象的规律性。需要把相似方法与所研究现象的深刻分析结合起来，这样相似理论才更有价值。例如，将相似方法与反映现象物理本质的实验或分析结合起来，才更易获得客观现象的实质。如果所研究的物理现象没有合理的数学描述，仅利用相似方法进行形式推理，那么很难获得现象本质。总之，相似理论与模型实验的结合是相似方法的主要特征。

随着科学的发展与社会的进步，相似理论与相似方法在科技领域的作用正变得越来越重要，成为服务于人类科技进步和生产力发展的有力工具。相似理论与相似方法已被公认为当今科技界的五大研究方法之一，与其他四种研究方法（经验法、半经验法、理论解析法、数值仿真法）相比，兼顾了理论和实际两个方面，并使之相辅相成。掌握相似理论与相似方法这一科学研究手段，无论是对理论学习还是对实验研究都非常有益。

第1章　相似理论概述

随着社会生产力的不断发展，生产生活中的工程问题或现象也日渐复杂。在研究这些问题或现象时，人们通常应用自然界一般性的规律描述问题或现象的本质，分析导出这些问题或现象中各参数间的相互关系。由于自然界的现象在不断地运动和变化，参数间的关系通常并不是简单的常数关系，很多时候需要采用微元分析，写出包含这些参数的微分方程和初边值条件，通过积分获得参数间的关系，从而为工程设计等问题的解决提供依据。对于特别复杂的自然现象，往往即使给出了微分方程，仍很难应用数学的方法解出，这时需要采用实验的方法探求各因素对现象的影响及它们相互间的关系。但是，由实验方法所获得的结果具有局限性，它只能适用于该实验特定的工况条件，并不能应用于与实验工况不同的现象上。实际上，任何一个特定的实验结果，仅反映某一特定的现象，很难据此获得现象背后的本质，如哪些特征量对该现象具有最重要的意义，以及这些量的变化对现象有何影响等。因此，单一实验研究的结果不能推广应用到其他现象上去，尤其对于新设备、新工艺的研发设计，很难起到指导的作用。

由上述可知，应用理论分析的方法，虽然可以获得描述某类现象特征的微分方程，但当该方程过于复杂时，将很难用数学的方法积分解出。如果通过给出假定的方式，将原始微分方程减化解出以描述该类现象，那么很有可能因假设造成的误差过大，导致歪曲现象本质。也可以采用实验的方法解决上述问题，但其缺点是基于某特定现象的实验结果不能推广到其他现象上去，不能较广泛地起到指导实际的作用。因此，理论分析方法和实验方法都具有局限性。单一使用某种方法，往往不能有效地解决实际中的问题。相似理论是把这两种方法的优点结合起来的一种理论，并在自然界现象描述中能够被广泛应用。该理论按照相似的原理，首先把同种性质的现象分成很多相似的现象。在这些相似的现象中，一个现象的实验结果可以推广应用到与它相似的所有现象中。这样，就不必对某类同性质现象中的每个现象都进行实验，仅需在相似现象中抽出一个现象进行理论实验研究，获得本质规律；然后根据相似原理，将该规律应用于所有此类现象中。例如，根据相似理论，先通过理论分析所得描述该现象的微分方程，对微分方程进行相似变换处理，以获得相似常数或相似准数，再通过实验确定各个相似常数间的函数关系。由此获得的函数关系，即可适用于这类现象中。

本章将主要介绍相似理论中一些基本概念及使用相似理论所遇到的一些问题。

1.1 相似理论的概念

相似理论是描述物理现象的常用手段。通常，在几何相似的基础上，首先确定现象相关的无量纲参数；然后通过有限数量的实验获得参数间的关系，并将其应用至与之相似的其他现象中。在物理或工程领域中，通过引入无量纲参数描述同类现象的本质较为常见。

1.1.1 相似理论的发展史

相似理论是 150 多年来产生的一门新学科。关于相似现象这个概念的起源可追溯到 17 世纪初。早在 1606—1638 年，俄国学者米哈伊洛夫、意大利学者伽利略等曾根据力学中的问题提出过相似的概念。伽利略在著作《关于两门新科学的对话》中提到：“如果一个物体尺寸缩小，但其强度减小的比例与尺寸缩小的比例不一样，尺寸缩小的比例越大，其相对强度则越大。”伽利略的这段表述其实已触及相似的本质，被认为是相似理论的萌芽时期。

1686 年，英国著名科学家牛顿在著作《哲学原理》中提出相似理论是一门具有应用前景的学科。牛顿去世后，关于相似问题的研究在很长一段时期内处于停滞状态。1822 年，傅里叶在《导热分析理论》这本著作中，提到了两个冷却球体温度场相似的条件，同时提到描述物理现象的方程中各项必须具有相同的量纲，即相似理论中的量纲的齐次性。

上文所述关于相似的概念，虽然是在个别情况下提出的，但是它代表着相似理论这门新学科形成的初始阶段。直到 1848 年，法国科学院院士伯特朗在分析力学方程时，得出了相似现象的基本性质，形成了相似第一定理，即相似现象对应点的同名相似准则相等。相似第一定理提出后不久，就得到了学术界的重视和应用。柯西把它应用于声学现象。19世纪末，雷诺在流体力学中利用相似定理，把水、空气、蒸汽和各种油类在通道内的流动阻力实验数据整理成便于实际应用的公式，用相似准数——雷诺数描述流体沿管道的流动规律，将人们从大量的经验公式中解放出来，使流体力学自18世纪以来向前发展了一大步。1909年，苏俄杰出的空气动力学家儒柯夫斯基将相似理论应用于气体动力学，使得基于模型实验的结果可以应用到与模型相似的飞机上去。1910年，努塞尔用相似理论研究了换热过程。上述均为在相似理论发展初期，应用它有效地解决工程实际问题的例子。

相似第二定理确定了微分方程的积分结果可以用相似准数之间的函数关系来表示。这种由相似准数组成的方程对于所有相似的现象完全相同。其中，相似准数是从描述过程特征的微分方程中推导出来的。1911年，俄国学者费德尔曼提出了相似第二定理。1914年，美国学者布金汉在特定条件下证明了量纲分析的 π 定理。1925年，阿法那赛耶瓦·爱林费斯特指出，微分方程必须满足齐次性条件，才可使其积分值表示为相似准数的函数形式。同年，他又推导出相似第一定理和相似第二定理。至此，关于相似现象性质的学说基本形成。

如果要将由某个特定物理现象所得到的实验结果推广应用到与它相似的现象上去，那么在相似理论中，还缺少一个重要的内容，即如何确定现象之间是否相似的问题。

相似第一定理和相似第二定理都是在现象已经相似的基础上导出的。这两个定理确定了相似现象所具有的性质。但是，它们并没有指出确定任何两个现象相似的原则。那么，应根据什么原则来判断现象之间是否相似呢？相似第三定理给出了答案。相似第三定理指出：现象相似的充分必要条件是单值性条件相似，而且由单值性条件包含的物理量所组成的相似准数相等。这个定理是由苏联著名学者基尔皮乔夫和古赫曼于1931年提出的。1933年，基尔皮乔夫给出了相似第三定理的证明。后来，基尔皮乔夫、科纳柯夫、沃斯克列先斯基等人又用其他方法证明了这个定理。相似第二定理与相似第三定理在基尔皮乔夫与古赫曼将其公式化后，提高了相似理论的实用价值，其应用范围也显著地扩大了。

从上述相似理论发展历史中可以看出，自然现象相似的学说是先从研究相似现象的性质开始，再逐渐形成关于实验数据处理方法的理论。与其他学科的产生和发展一样，相似理论的形成和发展与生产实践的发展密切相关。反过来，相似理论的发展又推动了生产的发展，这是一切科学发展的规律。

1.1.2 相似理论的基本概念

一般意义上所说的相似大多是指广义上的相似，包括社会科学、自然科学及工程系统中的特性相似。例如，在机械工程应用方面的相似，主要研究物理模型中的基本物理参数，以一个固定数量成一定的比例关系，属于精确相似。所谓精确相似，是指某种物理现象的所有参数，在空间中相对应的点和在时间上相对应的瞬间各自互成一定的比例关系，这种比例关系又称为相似倍数，可用经典的数学模型进行表达。

相似的概念源于几何学中的图形相似。相似是指表述现象的所有物理量在空间中相对应的各点及时间上相对应的各瞬间各自互成一定的比例关系，并且被约束在一定的数学关系之中。从哲学意义上讲，相似就是客观事物中同和异的矛盾统一，而相似现象是客观事物的一种和谐协调的组合形式。相似理论是人们通过长期实践、总结得到的一种用于指导自然规律研究的全新理论；是说明自然界和工程科学中各种相似原理的学说；是研究自然现象中个性与共性、特殊与一般的关系及内部矛盾与外部条件之间关系的理论；是通过比较自然界与工程实际之间的相似性，建立一种原型与模型之间相似关系的一种科学研究方法。其基础理论为相似三定理。相似理论要求构成模型的每个元素（包括几何元素和物理元素）都必须与原型的相应元素相似。

从实际意义来讲，相似理论并不是单独存在的，理论与实际往往是互相结合的，其正是为了解决实际科学研究中的试验问题而存在的，通过理论探索与计算，可以实现所研究问题从小型试验到大型工程应用的转变。例如，1829年，柯西基于相似理论的"相似方法"，研究了梁和板振动的规律；1869年付鲁德对船、1883年雷诺对管中液体的流动、1903年莱特兄弟对飞机机翼的研究，都是用基于相似理论的相似方法开展的。因此，可以给"相似方法"下这样的定义：相似方法是以相似理论为指导形成的一种具体研究自然界和工程中各种相似现象的新方法，是一种可以把个别现象的研究结果推广到所有相似的现象上去的科学方法。

在现今的研究中，相似理论最重要的价值是指导模型实验。通过模型实验研究，利用相似环境条件下的相似比尺关系，推导出原型的变化规律。其目的在于以最低的成本，在最短的运转周期内，摸清所研究现象或工程问题的内部规律性。通过试验模型的建立，对比模型与原型之间各个空间点、各个时间瞬间对应的物理量，如果二者之间存在比例关系，那么说明其相似度高。在进行模型实验时，可对与工程问题有关的各个物理量（如位移、体积力、应力等）进行实验模拟，得出这些物理量相应的相似系数。相似理论的内容虽然不多，甚至不被当作一门单独的学科，但它为无法进行工程原型试验的问题提供了比较可靠的基于模型实验的实现手段。

相似理论是从反映现象本质规律的数理方程、初边值定解条件出发，通过线性变换等数学手段，得出相似现象中内部变量间的基本规律。获取这些规律时，需保证上述数理方程量纲齐次性、数理方程的正确性不受测量单位制的影响等。相似理论的特点是高度的抽象性与广泛的应用性相结合。相似理论是试验的理论，可用于指导试验设计，如尺度的缩小或放大、参数的提高或降低、介质性能的改变等。尽管相似理论本身是一个比较严密的数理逻辑体系，但当所处理的问题采用普通的研究方法无法获得且过于复杂时，其所得结果的精确性是有限的。

1.1.3 相似理论的意义及应用

在研究相似理论时，人们往往会思考一些问题，其中最重要的问题就是相似理论究竟能应用在什么地方，为什么人们要学习这个理论呢？

相似理论的应用主要在两个方向上发展。一方面，它被应用于物理过程的模型实验中，以准数的形式来处理实验结果；另一方面，它被应用于工程设备的原型中，利用试验结果指导工程设计。所以，相似理论已成为处理模型实验及工程原型数据的基础科学，成为一种实验的理论。它指出当采用微分方程等方法遇到困难时，如何去布置实验，以使其结果可以推广到与研究的现象相似的所有现象中去。

目前，相似理论已成为一门完整的学科，已成为科学研究中处理实验数据的理论基础，是一种完整地研究、整理和综合实验数据的一般方法论。对于传热学、传质学和流体力学等以实验为基础的学科，相似理论有着特别重大的意义。实际上，相似理论与相似方法在很大程度上与传热学、流体力学的发展有着十分密切的联系。根据相似理论，可将影响现象发展的全部物理量适当地组合成几个无量纲的相似准数，然后把这些相似准数作为一个整体变量来研究各个物理量之间的函数关系。这种做法不仅会大大减少实验工作量和费用，而且扩大了实验结果的使用范围，可解决实验中应测量哪些物理量、应如何整理实验数据、实验结果可以推广到哪些现象等实验过程中应该解决的问题。尤其对于无法对其微分方程进行积分求解的复杂工程问题，相似理论更具有应用价值。

1.2　相似理论的常见问题

在相似理论的学习和应用过程中，人们也会遇到一些相似理论的常见问题，这些问题一般包括科研中的问题及学习中的问题两个方面。下面结合安全科学与工程学科，提出一些值得注意的问题。

1.2.1　科研中的问题

在科研中应用相似理论时，主要涉及以下问题。

（1）根据工程问题需要，如何构建实验模型。构建实验模型是研究过程中最重要的环节，人们要了解实验过程中的各个参数及实验中所涉及材料的性质，以便构造出合适的实验模型，确保能比较真实地还原工程实际的物理模型。

（2）如何将实验结果应用于工程实际。经过研究所得到的实验结果必须有实际的应用价值，如果不能较好地将所得结论应用于实际，那么研究本身也就失去了意义。

（3）相似理论及相似原理的主要作用是什么。在具体的实验中，人们需要根据实验的具体要求，运用相似理论的相关理论原理，从错综复杂的工程实际中抽丝剥茧出关键要素，实际深入探索其本质特征，正确且恰当地运用相似理论和相似方法的知识与方法，使关于实验的分析研究不局限于其表象，以相似的思想抓住其本质。

（4）构建系统相似实验模型时，选取的相似理论分析方法是否准确。在相似理论体系中，存在着多种不同的分析、模拟、预测、评价的方法。针对所需实验模型，应选取最为合适的一种方式或多种方法结合的方式进行模型简化，确保模型的简化能够达到预期的实验效果。

（5）在研究实际工程问题过程中，应确定相似理论是否能够被引入当前工程背景下。不同的工程背景，其实际情况存在多变的形式，并且需要的背景知识也不尽相同。相似理论应用于复杂工程实际是否合适，直接关乎最终的实验结果是否能够服务于工程实际。

（6）要明确运用相似原理探究工程实际应得到怎样的结果。相似理论的运用及方法的选取存在一定的适用范围。在科研过程中，应根据具体的工况探明研究的对象是什么、具体情况是怎样的。

（7）关于系统间的相似分析，应从系统的功能、结构及动态演化等方面进行相似学分析。在科研过程中，应注意系统组成要素之间、组成要素与整体之间及系统与系统之间的相似特征、相异特征、关联度和相似度的大小。

（8）一种物质、一个系统都不是独立存在于环境中的，它们都有相互依托和相互联系的物质和系统。在进行相似理论分析过程中，应当着重注意系统与系统间、物质与物质间、系统或物质与环境中其他因素的关系，并且把这些关系的相似也带入分析中。

（9）在应用相似理论与相似方法过程中，一定要明确工程实际和实验室研究所需要的相似维度、工程实际的相似特征、功能和实验的相似表达，所需要的相似定律，工程实际和实验的相似耦合度等关键因素。只有明确了这些基础因素，才能够使相似实验的进行更加具有说服力。

（10）在科研过程中，要同时考虑实验的准确性与简便性。在进行相似分析过程中，可能会发现有多种相似方法可以达到所需的实验目的。但是，在相似实验设计过程中，应当使实验具备简便性，不宜复杂化。

（11）在进行相似实验设计时，有些支配相关物理现象的物理法则较多或较为复杂，这样相似实验的设计就可能比较困难，所以应适当放宽相似条件。

（12）在进行相似实验设计时，若某些工程实际存在特殊现象，则应该另外设计关于该特殊现象的相似实验。

（13）在相似实验设计过程中，应明确实验中具体测量的实验物理量；知道实验如何实现最优化设计，并且如何使实验结果具有普遍性意义；清楚什么样的现象与所研究的现象相似。

（14）相似理论是数学分析与实验研究之间的桥梁，在科研中，一定要树立正确的科研观念，明白"相似理论不能独立于实验研究和数学分析而存在"。只有将相似理论与实验研究、数学分析结合起来，才能够真正揭示事物的客观规律。

（15）相似理论获得的解和结论一般具有普遍性、预见性和近似性的特点。在学习相似理论过程中，一定要明确相似理论的解和结论的特性，不能盲目地将相似理论的结论进行推广，需结合其他实验及其理论知识得出准确的结果。

1.2.2　学习中的问题

在学习相似理论过程中，人们会遇到以下问题。

（1）理论与方法内容相对抽象，需要举例说明。相似理论与相似方法的内容实际上是相对抽象的，因此，在学习及讲授相似理论与相似方法过程中，需要通过举例的方式形象地对该理论进行说明。那么，如何选用更加形象、易于理解的例子显得尤其重要。对例子本身的理解，也是在学习相似理论与相似方法过程中的一个考验。

（2）理论与方法本身容易，但应用起来具有挑战性。研究相似理论与相似方法的最终目的是将其应用到实践中，以简化实验过程或减少实验成本。然而，尽管相似理论与相似方法本身并不难理解，但如何把它们运用到实际中，将所学的理论与实践结合起来，是相似理论与相似方法中的重要难题。这也需要研究人员对所研究的对象本身有很深入的理解，只有这样，才能更好地将相似理论应用于所研究的对象，以避免在应用过程中产生错误而造成结果严重偏离实际。

（3）相似理论包含较多的理论及方法，并且大部分的原理是通过工程实际中的大量研究得到的。在学习这些理论与方法时，应当深刻理解其内涵、了解其实质，不能将知识只停留在表面而不了解其内在。洞悉相似理论的方法和原理是应用相似理论的前提。只有具备丰富的相似原理理论基础，才能应用其开展进一步的实践研究。

（4）经典的相似理论发展到目前为止，已经被应用于各行各业。随着各行各业的迅猛发展，该理论已形成了较为丰富的分支，如相似工程系统、仿生系统等。在不同的应用领域，相似理论的表述及方法的具体实施可能存在略微的偏差。在学习相似理论过程中，一定要明确自己的学习目的及应用领域，从而达到高效并准确学习的目的，防止学习过后不清楚如何将理论知识具体应用到所从事的专业领域。

（5）相似是客观事物在相同或相异之间达到或妥协到平衡的一种状态。相似并不都是可见因素的相似。相似理论若被应用到安全系统中，可能会包含心理、行为信息等不清晰、不可见的因素。在学习相似原理和相似理论过程中，应该注意将该理论方法搞清、搞透，注意不清晰、不可见因素的相似性。同时，通过相似分析，把隐藏在现象背后的机制提炼出来。

（6）相似理论及相似方法的推导过程可能呈现出复杂化、难理解等特点。如果在学习过程中一味地纠结过程的推导，那么有可能陷入误区，导致在进行相似实验过程中遇到困难。所以，在学习过程中，如果遇到不容易理解的相似法则的证明过程，可大胆舍弃难理解的部分，学会具体的应用过程，以达到能够正确设计相似实验的目的。

（7）在学习相似理论与相似方法过程中，应该注意学习将相似条件放宽所必备的一些条件及相关准则，不应盲目地学习相似法则。

1.2.3　应用于安全科学与工程学科中的问题

以安全科学与工程学科中的安全分析为例，应用相似理论时，需要注意以下问题。

（1）相似理论与相似方法的主体研究对象是物质、能量等非人因素。在安全评价分析中，"人"应该作为分析的主体因素。"人"的因素不同于物质、能量等非人因素。他不是静态的，而是动态演变的。在分析过程中，应特别注意"人"的情绪、意识、文化和道德等因素的相似。此外，在安全分析过程中应用相似理论与相似方法，还要注意"人"的不稳定性。

（2）安全评价的目的是减少事故的发生，在进行相似安全分析过程中，应当时刻把握事故的相似性，并且能够运用相似理论及相似方法精练出事故发生的主要原因、特征和实质。最重要的是，能够通过相似分析揭示事故发生的规律，做到"关口前移"，实现安全科学的研究目标。

（3）如果将相似理论与相似方法运用到安全管理过程中，应当注意不同类型安全管理系统之间在结构、功能等方面的相似度与相异度，以及不同层次安全管理系统之间在方法等方面的自相似性和关联度。

（4）当相似理论被应用于安全心理分析过程时，应当将着眼点放在质（安全心理本质）的相似和量（从整体出发的安全心理与行为的关系）的相似之间的差异，以及个体（个体行为的表现）相似与群体（群体内部及群体之间）相似的不同。

1.3　相似类型

相似有许多种类型，下面将具体介绍12种相似类型。

1.3.1　一般相似

一般相似是指广义上的事物间普遍存在的相似。它包括自然科学、社会科学、工程技术中各种系统特性的相似，各种政治、经济、法律、宗教、科技体系间的相似，各种概念、哲理、形式的相似，处理事物的方法、方式的相似，以及事物发展过程中静态、动态的相似，等等。这些问题处理中所使用的相似方法都属于一般相似，反映不同现象本质联系的相似性。

一般而言，由于系统的复杂性，对于复杂系统的特性分析常常要用定性和定量相结合的方法。对于一般相似，目前主要以定性分析为主，并将定性分析与定量计算相结合。

1.3.2　具体相似

具体相似是指系统间具体属性和特征的相似。它主要包括系统结构相似、功能相似、信息作用相似、行为相似、几何特征相似、物理特征相似、化学特征相似及生物学特征相似等。例如，在天体系统中，行星间自转运动的相似性、轨道运动的相似性、磁场特性的相似性等；在生物系统中，动物与人之间的组织结构相似，对应器官功能相似、形态特征相似、生态习性相似、信息获取和处理方法相似等；在工程技术系统中，机器之间的几何形状相似、结构相似、运动形式相似、受力状态相似、控制方式相似，以及机器人与人之间存在的结构、功能和信息控制过程等多种相似，都是具体相似。

相似性分析是建立在系统特性基础上的，对于具体相似可以进行定量计算，实现相似度量。

1.3.3　自然相似

根据相似是自然形成的还是人工实现的，可分为自然相似和人工相似。自然相似是指自然系统间的相似性。例如，天体系统中行星之间的相似性，生物系统中动物之间的相似性、植物之间的相似性、人与人之间的相似性及人与动植物之间的相似性，都是自然相似。自然相似是在系统演化过程中形成的，是自然理性的表现。

1.3.4　人工相似

人工相似主要指依靠人的创造性活动，在各种人造系统间或人造系统与自然系统间的相似。例如，不同企业组织管理系统间的相似、不同汽车型号间的相似，以及仿生机械系统与生物系统间的相似，都是人工相似。值得注意的是，人工相似中也含有某些自然相似的特征，因为任何一个良好的人造系统都要遵从自然规律。

1.3.5　他相似

不同类型系统间的相似性称为他相似。世界上存在着各种各样的具体系统，如天体系统、粒子系统、生物系统和生态系统等自然系统。在工程技术中，有不同的机械系统、电子系统，还有很多不同类型的管理系统，等等。系统有等级性，也称为层次性，在同一层次内，可能存在众多不同类型的系统。例如，生物系统中某一层次上有不同类型的子系统，各种不同的植物系统、动物系统、微生物系统。植物系统中有不同的物种，如柳树、桃树都是不同类型的系统，柳树和桃树的叶子存在着相似的形状，这是不同系统间呈现的相似特性。动物系统中有不同的物种，如马和狮子也是不同类型的系统，但是它们之间存在着很多相似特性。例如，它们都有内脏，而且其结构和功能相似，都要进行呼吸和循环的新陈代谢过程。这表明不同类型的系统间也存在相似特性。

在工程技术中，不同类型机械系统间的特性相似性，不同型号产品系统间的相似性，机械系统同供电系统间的相似性，供水、供电、供气系统间的相似性；在社会科学和管理科学中，国家之间的相似性，省（自治区、直辖市）之间的相似性，乡镇之间的相似性，学校之间的相似性，以及工厂间的相似性，等等，都属于不同类型系统间的相似性。

从系统科学角度来看，无论是在不同层次的系统之间，还是在同一层次不同类型的系统之间，都存在差别。当然，不同类型的系统之间的他相似与同一系统中系统的自相似是相对的，根据一定条件和一定研究目标可以进行转化。

例如，地–月系统是太阳系中的一个子系统，至于地–月系统与太阳系间的相似性，既是一个自相似问题，也是一个他相似问题，具体是哪种相似问题，要看其研究的条件。目前来看，他相似问题已经能够被人们较为普遍地接受，而自相似原理的研究也为古今中外所关注。

1.3.6 自相似

从相似系统理论来看，自相似是指同一系统内部，不同层次的主系统与子系统间的相似性。从哲学、混沌学及分形理论角度可认为自相似为部分与整体相似。从广义来说，自相似是指主系统与子系统间的相似，或者说是部分与整体间的相似。

在数学领域，自相似也是基本概念之一，其在集合论中有严格的定义。在流体力学中，自相似指流体具有某种运动，其源于流体的某种初始状态，流体现在的这种方式同初始状态是相似的。自相似在空间上表现为一个系统可分为多个不同的子系统，各子系统之间不能完全互相重叠，但任一子系统与整体原系统是相似的。按照相似性的定义，子系统是整体系统按照比例缩小后的系统。这种按照比例缩小的自相似性就是跨尺度的对称性，又可称为标度变换。

目前，人们已经发现混沌的图像大多具有无穷嵌套的自相似几何结构。人们发现旋涡中有旋涡，流体到了一定的速度，会出现湍流，湍流中有自相似特性。

人们从生物系统、天体系统等多个系统中不难发现，系统的时空结构在不同层次上呈现出相似性，子系统与包含它的大系统存在自相似。在社会科学和管理科学中，自相似是普遍存在的。例如，国家和省（自治区、直辖市）的结构与功能的自相似，母公司与子公司间组织管理和信息处理过程的自相似，工厂同车间组织生产过程的自相似，等等。这些都说明各种系统具有丰富的内部层次"有序"状态，具有无穷嵌套的自相似结构。因此，自相似规律普遍存在。

1.3.7 同类相似

同类相似是指同一类事物间的相似特性。从相似系统角度来看，同类相似为同类型的系统间的相似。

例如，在自然系统中，不同行星系统间运动形式的相似；在人类学中，不同人之间心理现象的相似；在社会组织管理系统中，同类型的工厂企业，如各个电冰箱生产厂之间组织结构与功能的相似、汽车制造厂之间组织结构与功能的相似等，都属于同类相似。在工程技术系统中，不同型号汽车间外形特征、内部结构等特性的相似，不同型号电视机的外形特征、内部结构、图像显示、音响系统等特征的相似，各种计算机外形特征、内部结构、信息处理过程等特性的相似，都属于同类相似。

对于同类相似的特性，因为遵从相同的自然规律，所以可用相同的数学方程来描述。一般而言，同类事物间普遍存在同类相似，而且同类相似程度较大。因此，同类相似不容置疑，易于被人们接受与理解。

1.3.8 异类相似

相似不仅存在于同类现象之中，而且存在于不同类现象之间。不同类现象的相似，称为异类相似。从相似学角度来看，异类相似主要是指不同类型系统之间的相似。

前文已经说过，对相似性的认识，不是通过简单的类比，因为不同类型系统间同样存在相似。地球与人类不是一类事物，然而，地球运动节律与人类生物钟的运行规律存在相似。其原因在于自然界是一个整体，各种系统特性相互关联，各种不同系统在共适应过程中，出现相似特性。在自然界中，可以归纳出支配各种事物间特性相似的统一性。例如，温度场、电势场和重力场是不同类型的场型，但都可以用同一个微分方程来描述。由此可见，不同类型系统间也存在相似性，而且支配相似的本质规律是一致的。正是在异类间实现的相似，为工程技术的仿生、人工智能、生物遗传算法、生态型企业集团的组建提供了可能。

1.3.9 精确相似

在一组物理现象中，其对应点上基本参数之间成固定的数量比例关系，则称这一组物理现象特征为精确相似。

精确相似有以下8种。

1.3.9.1 几何相似

相似的概念首先出现在几何学中。几何学中的相似图形是指对应尺寸不同但形状一样的图形。接下来，本书首先以几何相似为例，探讨相似理论与方法的应用，在"1.4 几何相似"一节中也将更加详细地介绍几何相似。

如果两个三角形各对应的角相等，或者各对应边的边长保持相同的比例，那么称这两个三角形相似，如图1.1所示。此类问题是平面相似问题，属于此类问题的还有各种多边形、圆、椭圆等。此外，空间也可以实现几何相似，如三角锥、立方体、多面体、球、椭球等的相似都属于空间相似。几何相似是指模型与其原型形状相同，但尺寸可以不同，一切对应的线性尺寸成比例。

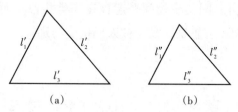

图1.1 两个相似三角形

两个相似的三角形，其对应边必互成比例，即

$$\frac{l'_1}{l''_1} = \frac{l'_2}{l''_2} = \frac{l'_3}{l''_3} = C_l \tag{1.1}$$

式中，C_l 称为相似常数。

推而广之，各种物理现象也都可以实现相似。它们的各种物理量（如时间、力、速度等）都可以抽象为二维、三维或多维空间的坐标，从而把现象相似简化为一般的几何学问题。或者说，物理相似在形式上可以归结为向量场和标量场的几何相似。

1.3.9.2 时间相似

时间相似是指时间间隔互成比例。物理过程通常是随着时间进行和发展的，因此，当两个现象相似时，也一定具有时间上的相似。所谓时间相似，就是在几何相似的系统中，其对应的各点或各部分沿几何相似的轨迹运动，而且在一定的时间通过几何相似的路程，这些时间间隔的比例也等于同一个数值。

1.3.9.3 速度相似

速度相似是指速度场的几何相似，表现为各对应点对应时刻上速度的方向一致，且大小互成比例。

1.3.9.4　温度相似

温度相似是指温度场的几何相似，表现为各对应点对应时刻上温度互成比例。

1.3.9.5　动力学相似

在几何相似的力场中，各对应点上的作用力方向一致，且大小对应成比例，称为力相似。力相似，或者连同扭矩相似，称为动力学相似。

动力学相似即力场的几何相似。如果两个系统具备几何相似和时间相似的条件，同时第一个系统里各点（或部分）的质量与第二个系统里对应点（或部分）的质量成一定比例，那么这两个系统称为动力学相似。动力学相似表现为，在对应点上，力的方向相同，大小成一定比例。也就是说，两个动力相似的系统，作用在系统上相应位置处各力组成的力多边形是几何相似的。

任何物体在受力运动时都服从牛顿第二定律，即

$$F = m\frac{\mathrm{d}U}{\mathrm{d}t} \tag{1.2}$$

式中，F ——某一瞬间作用在物体（或质点）上的力；

　　　m ——物体（或质点）的质量；

$\mathrm{d}U/\mathrm{d}t$ ——物体（或质点）受力而产生的加速度。

对于第一个系统，可以得出

$$F' = m'\frac{\mathrm{d}U'}{\mathrm{d}t'} \tag{1.3}$$

对于第二个系统，可以得出

$$F'' = m''\frac{\mathrm{d}U''}{\mathrm{d}t''} \tag{1.4}$$

若两个物体受力而产生相似的运动，则在对应点上各物理量必然互成比例，即它们之间必然存在下列关系：

$$\frac{F'}{F''} = C_F, \ \frac{m'}{m''} = C_m, \ \frac{U'}{U''} = C_U, \ \frac{t'}{t''} = C_t \tag{1.5}$$

将式（1.3）和式（1.4）代入式（1.5），可得出两个物体动力学相似的条件，即

$$C_F = \frac{C_m C_U}{C_t} \tag{1.6}$$

$$C = \frac{C_F C_t}{C_m C_U} = 1 \tag{1.7}$$

将第一个系统的各个物理量集中到等号的左边，将第二个系统的各个物理量集中到等号的右边，就可以得出

$$\frac{F't'}{m'U'} = \frac{F''t''}{m''U''} \tag{1.8}$$

$$\frac{Ft}{mU} = Ne = \text{idem} \tag{1.9}$$

式中，Ne——牛顿数。

当两个力学系统运动的情况相似时，其牛顿数的数值必然相同。

1.3.9.6　运动学相似

两个物体沿着几何相似路径运动，在各对应点上，其速度或加速度的方向一致且大小对应成比例，这就叫作运动学相似。也就是说，运动学相似是指速度场与加速度场的几何相似。

速度相似可表述如下：在运动相似的系统里，对应瞬间和对应点上速度的方向一致，大小成比例。

加速度相似可表述如下：在运动相似的系统里，对应瞬间和对应点上加速度的方向一致，大小成比例。

1.3.9.7　热相似

热相似是指温度场相似和热流相似，它规定了在几何相似和动力学相似的系统中实现热相似的条件。热相似也可以定义如下：在空间中相对应的点及时间上相对应的各个瞬间，所有与热现象有关的物理量都成一定比值。这些比值就是前面所说的相似常数。在这些相似常数之间，也存在着一定的关系。

1.3.9.8　单值条件相似

所谓单值条件相似，是指系统的起始条件和边界条件相似。

非稳态物理过程是随着时间变化而发展的，并且过程的发展又常与过程开始时的情况有关，同时研究的系统常受其周围环境或介质的影响。因此，对于相似现象，除了必须使与过程有关的各种物理量相似，还要保证起始条件和边界条件也相似。例如，在非稳态导热过程中，必须保证过程开始时物体内部温度分布的情况相似，即所谓起始条件相似。在过程进程中，人们还必须知道物

体界面上的温度或变化规律是否相似，即所谓边界条件相似。

描述现象的微分方程只能决定过程变化的内部规律，而单值性条件却可以确定过程进行时所在系统的几何特征、边界条件、起始条件及各种物性参数的数值。因此，如果单值条件不相似，那么现象也无法相似。

对于同类物理过程，决定它们所应服从的内部分布规律的微分方程组是一样的。因此，影响过程特征的真正因素是单值条件。这就是说，物理过程的相似是单值性条件相似的直接结果。

1.3.10　可拓相似

在自然界中，不少现象给人们感觉是相似的，但又不符合精确相似，这种相似称为可拓相似。例如，一个直角三角形与一个等边三角形相似；一个矩形与一个正方形相似；半导体与导体既有相似的导电特性，又有非导体不导电的性质。对于可拓相似，一方面有的相似特性可精确度量出相似程度；另一方面不满足一切特性都是精确相似，难以度量，甚至有的特性相似程度为零，即不相似特性。所以，对于可拓相似，应运用可拓集合和可拓相似元来解决。

1.3.11　模糊相似

数学一向被看作严谨、精确的象征，但随着社会的发展、科学技术的进步，人们运用数学研究和解决的问题日益复杂。对于一个复杂的巨系统，很难用精确的数学描述出来。目前，能有效处理开放、复杂的巨系统的方法是定性、定量相结合的集成方法，但对系统间某些特性相似的定量分析也带有模糊性，很难精确化。模糊数学可以使模糊现象达到精确的目的。实践结果表明，处理一个复杂系统时，若要求过分精确，反倒模糊，而适当的模糊却可达到精确的目的。

相似系统理论已经阐明系统间不少相似特性不能用经典数学来描述，其相似性都带有一定的模糊性。例如，在生物拟态中，昆虫与树枝相似，兰花貌似蜜蜂，植物像石头，那么，它们的相似程度究竟有多大呢？显然，它们之间的相似程度是模糊不清的。人类社会系统与生物有机系统之间存在开放性、复杂性、有序性、生存性、延续性、新陈代谢、物质与精神的统一性等很多相似特征，而这些相似特征具有很大的模糊性，都很难精确量化其特征值。两个国家的政治经济体系及组织结构的相似性，很多生产工艺过程的相似性，对一些事物、事件处理方法的相似性，等等，都带有模糊性。模糊相似特性特征值的比例系数，称为模糊特征值比例系数。显然，模糊相似特性不能完全用经典数学来描述，不能精确度量相似程度，只能借助于模糊数学处理，确定其模糊相似程度。

1.3.12 混合相似

混合相似不是性质相似，而是一种综合性相似，其实质是系统相似。对于系统相似而言，系统间可能存在多种相似特性，一些相似特性可以精确度量出相似程度，另一些相似特性只能用模糊数学处理，而且其中可能出现一些不相似特性，这样的系统相似即混合相似。应该说，混合相似是系统相似的最普遍现象。

提出混合相似的概念，目的在于能对系统间的多个相似特性进行有效处理。凡是能精确度量相似程度的，尽可能精确化；不能精确度量相似程度的，借助可拓集合和模糊数学来获取特征值，达到相对精确地计算其相似程度的目的。对于系统间的混合相似，通过对系统的各个相似特性进行识别考察，可分别用相应的方法处理。

1.4 几何相似

在实际应用中，到底需要关注哪些方面的相似，这与要解决的问题及要获得的量有关。本节主要以几何相似为例，初步探讨相似方法的应用。

前文讨论到，若两个图形或物体几何相似，那么其对应部分（时间、空间等）比值等于同一个常数（同一类的量）。

图1.2给出了三个彼此相似（简单的几何相似现象）的三角形A，B，C，每个三角形的三条边长分别为l'_1，l'_2，l'_3，l''_1，l''_2，l''_3，l'''_1，l'''_2，l'''_3。

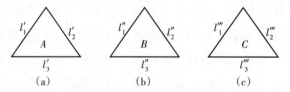

图1.2 相似三角形A，B，C

根据几何相似的相关性质，不难得出下列结论。

如果现象 A 与 B 相似，那么

$$\frac{l_1'}{l_1''} = \frac{l_2'}{l_2''} = \frac{l_3'}{l_3''} = C_e \tag{1.10}$$

式中，C_e 为相似常数或相似变换倍数。在一对相似现象的所有对应点和对应时刻上，某类物理量均保持 C_e 值不变，当此对相似现象被相似系统中的另外一对相似现象所替代时，尽管物理量相同，但是 C_e 值却可能发生变化。因此，相似常数对于某特定的两个相似现象，相应物理量的比值是不变的。

同理，现象 A 与 C 也相似，则

$$\frac{l_1'}{l_1'''} = \frac{l_2'}{l_2'''} = \frac{l_3'}{l_3'''} = C_e' \tag{1.11}$$

不难发现，当两个现象相似时，其在对应位置或对应时刻的比值是一个常数。也就是说，如果以三角形 A 为参比现象，将其每一条边放大相同的倍数后，便可得到相似于三角形 A 的另一个三角形。随着放大倍数不同，可以得到各种不同尺寸的三角形，但其都是相似于三角形 A 的相似三角形。这种将原来图形转换为不同尺寸的相似图形的方法，叫作相似转换。此外，因为相似常数是一对同类物理量的比值，所以是无量纲的，其数值的大小与坐标等也并无关系。除此之外，因为不同物理量的相似常数数值不同，所以在表达相似常数时，常带有下标，以明确相似常数表达的是哪一个物理量。

以图 1.2 中的三角形为例，可以用相似变换法，以一个物体为参照，通过乘以一系列相同的相似常数，得到一系列相似三角形。在用相似变换法得到的一系列相似图形中，将其中任一三角形的两条固定边相比，对于所有的三角形，对应的两条固定边的比值等于同一个数值，可将该值定义为相似定数，即

$$\frac{l_1'}{l_2'} = \frac{l_1''}{l_2''} = \frac{l_1'''}{l_2'''} = l_{12} \tag{1.12}$$

需要注意的是，相似常数与相似定数作为相似理论中两个重要的概念，它们之间存在着差异。相似常数也称为相似比、比尺、模拟比、相似系数等，是模型中某物理量同原型中某物理量的比，即两个相似现象间某个对应物理量的比。这些物理量针对具体的现象，可能是几何尺寸、应力、应变、位移、弹性模量、泊松比、边界应力、体积力、材料密度、容重等。在这些物理量对应的相似常数中，长度、时间、力所对应的相似常数称为基本相似常数，这些相似常数是独立的。其他相似常数可以由基本相似常数通过一定的关系式导出，称

为导出相似常数。相似常数以一定幂次组合，可形成无量纲的相似指标式。通过对相似指标式中物理量的量纲进行分析，可得到相似判据。不同类型或不同研究对象的模型实验，其相似判据通常不同。

以图1.2中的三角形为例，对于其中任意一对相似三角形（如三角形 A 与 B），任意两条对应边的相似常数一定是相同的数值。但是当这对相似三角形的组合发生变化（如相似三角形 A 与 B 变为相似三角形 A 与 C）时，这两条对应边的相似常数值也会发生变化。相比而言，对于某个三角形三条边中任意两条边的组合，其对应的相似定数虽然具有不同的数值，但是当这个三角形被另外的相似三角形所代替时，相似定数的数值是不发生变化的。

综上所述，相似常数可概括为两个现象，即两个三角形之间对应的两条边之比，而相似定数为任意某个特定三角形的两条不同边之比。在相似理论与相似方法使用过程中，需对这两个概念加以区分。

除几何相似外，大多数物理现象或物理量的相似问题也常用相似定数来描述，但几何相似是其他物理相似的前提。有了几何相似，才有可能在试验模型和原型之间描述与几何要素有关的点、线段、断面和体积等尺寸物理量；才有可能在几何要素的基础上，扩展描述速度、加速度、作用力等一系列力学量；才有可能通过试验模型中的对应点、相应断面的力学量，预测原型中的受力状态。总之，物理现象的相似是以几何相似为前提的，并且是结合几何相似概念的扩展。比如，力的相似是指力场的几何相似，表现为所有对应点上的作用力都具有一致的方向，且其大小相应成比例；速度相似是指速度场的几何相似，表现为各对应点、对应时刻上的速度向量方向一致，且大小成比例。值得注意的是，相似常数与相似定数只是规定单值条件的相似，考虑一个物理现象时，不能只局限于相似常数和相似定数，需要从描述该现象的多个物理量的方程出发，对其相似条件进行分析。

在大多数数学物理方程中，每种物理量都有一定的单位，并且这种单位是由某一个确定的单位制来决定的。假设有两个不同的物理现象，即使它们是相似的，用同一种统一规定的单位制来度量，得到的每个物理量的数值一般也并不相等。但是如果采用相对测量单位来度量每个物理量，情况就不同了。即选择某一点的各物理量作为这个物理现象中其他各点同类物理量的测量单位，这时在其他点上所测得的物理量的数值就是相似定数。对于不同的相似现象，无论是作为测量标准的选定点的各物理量数值，还是其他点的各物理量数值，都是不同的。但对于相似的现象，系统内各对应点的物理量数值与该系统作为标准的选定点的各同类物理量数值之比一定是相等的。

需要注意的是，物理过程通常随着时间的进行而发展，因此，当两个现象相似时，也一定具有时间上的相似。如前文所述，时间相似是指几何相似的系统中，其对应的各点或各部分沿几何相似的轨迹运动，而且在一定时间通过相似的路程，这些时间间隔的比例也等于同一个数值。

通过以上分析不难发现，人们可以把相似三角形理解为用不同比例尺绘制的三角形。对于物理量来说，当对每个物理量全部采用相对测量单位来度量时，所有彼此相似的现象就成为相同的现象了。因此，在某种程度上，可以把相似现象理解为用不同的度量单位来表示的同一个现象。因为无量纲方程对整个相似现象群来说，无论是在结构形式上，还是在数值上，都是相同的，所以，在相似理论中，引用相对测量单位有着十分重要的意义，它使物理量间的关系方程能适用于整个相似现象群。在实际测量中，人们也经常应用几何相似的道理来达成某一目的，如可以不通过实地测量而获得山的高度、河的宽度等一些难以直接测量的量。

1.5 相似方法及其作用

相似方法是一种科学方法，借助它，可以把个别现象的研究结果推广到所有相似现象上去。相似方法的运用可以提供如下可能性：

（1）对个别的实验结果进行推广；

（2）用模型对自然现象进行实验研究；

（3）对复杂的数学方程可得出较简单的分析解和数值解；

（4）把从一个具体的物理过程中得出的分析解，推广到所有其他相似过程中。

因此，相似方法在对自然现象的研究中得到广泛应用。根据物理现象相似的基本规律，即彼此相似的现象必定具有相同的无量纲量（在相似方法中称为相似准则），描写任何物理过程的微分方程的解都可以表示成无量纲量之间的函数关系，而且所有的无量纲量都是由描述该类现象的基本微分方程和全部单值条件通过相似变换法、积分类比法或方程无量纲化法求得的。因此，由相似方法求得的无量纲量，必定具有描述该类现象的物理意义。在科学研究中，采用具有一定物理意义的各种无量纲量对自然现象进行描述具有一定的普遍性。

1.6 模型实验

科学研究是研究量与量之间的规律性。科学研究方法包含数学方法，用此工具可以分析研究对象、建立微分方程、给出边界条件，最后求出量之间的规律。数学方法虽然是强有力的方法，但当求解复杂的对象时，需要进行简化，导致歪曲实际，从而带来误差。有时对复杂的对象即使建立了微分方程，也无法解出，有时甚至难以建立相应的微分方程。这时常采用另一种求解方法，即直接实验法，该方法对研究对象直接进行实验，以求出量之间的规律。此法有局限性，实验结果只适用于和实验条件完全相同的对象。而对于重要的、大型的、复杂的设备，通常要求在设计制造之前掌握其内部某些量之间的规律，由于受到实验条件的限制，又无法对其进行直接实验，这时就需要采用模型实验法进行模拟。

在多数情况下，模拟是指同类实物的模拟（当然还有其他形式的模拟）。同类实物的模拟是指在实验室条件下，用缩小的（或特殊情况下用放大的）模型来进行现象的研究，模拟用的模型引申出"模型实验"的概念。模型实验是构成相似方法的重要环节，在近代科学研究和设计工作中，起着十分重要的作用。

按照相似理论，"模型"二字有确切的含义。一位学者这样说过：模型是与物理系统密切相关的装置，通过对它的观察或试验，可以在需要的方面精确地预测系统的性能，这个被预测的物理系统，通常叫作原型。根据这个定义，为了利用一个模型，当然有必要在模型和原型间满足某种关系，这种关系通常称为模型设计条件或系统的相似性要求。

由此可见，相似理论与模型实验的关系十分密切，是整个问题的两个组成部分。在人类长期、广泛的实践活动中，二者常常相辅相成、相得益彰，共同促进整门学科的发展。模型实验法是以相似理论为根据建立模型，通过模型实验得到某些量间的规律，再推广到实验对象上。模型实验法能研究直接实验无法进行研究的对象及在装备设计制造前要求研究的对象，是探明大型复杂设备、复杂物理化学过程内部规律的有力手段。掌握相似理论与模型实验知识，已成为研究者实验研究能力的必要组成部分。

为了更好地理解模型实验，下面以工程中的复杂容器为例，简述相似理论中模型实验的思路及方法。如图1.3所示，假设 l' 是工程原型中的问题，即要获得的物理量，l'' 是实验室（或模型实验）中可测得的量。

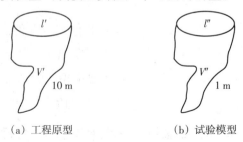

(a) 工程原型　　　　　　　　　(b) 试验模型

图1.3　工程原型与试验模型

1.6.1　解决问题的思路

1.6.1.1　建立试验模型

首先通过几何相似，在实验室构建符合工程实际的试验模型，并且模型中可测得的量与工程原型需要获得的量相关。因此，需要确认实验室模型是否与目标现象或物体相符合，或者是否符合实际情况。

1.6.1.2　获取问题的本质规律

对于图1.3中的实例，需要解决的问题是获得容器的体积，即工程原型需要获得的物理量为体积。为解决该问题，模型实验需要找到与体积有关的物理量，并且这些物理量在试验模型中是可知的或可测的。这些可知的或可测的物理量与工程原型预获得的物理量之间的关系，即问题的本质规律。这种本质规律可用相似准数描述，因为对于相似的物理现象，相似准数的数值相等。如果实验室模型与工程原型相似，那么由实验室内小型试验模型中测量的物理量组成的相似准数与工程原型中无法测量的物理量组成的相似准数相等，进而可获得实际工况下工业复杂容器的体积。

1.6.1.3　推广应用至工业相似现象

解决工程原型中的问题（获知工程中预求的物理量）是最终目的。将模型实验的研究结果推广应用到工程原型中解决问题，极大地简化了工程原型中复杂容器体积计算的工作。

1.6.2 具体实现步骤

1.6.2.1 搭建相似物体

结合工程原型等工业实际工况,运用相似变换方法,搭建与原型相似的试验模型。在搭建过程中,通常要指定一个相似常数,该常数一般是较小的(即缩尺寸的),但也有可能是较大的,具体要根据实际情况确定。为使搭建的试验模型与原型相似,则二者对应部分的尺寸比值应相等,均等于该相似常数。

1.6.2.2 根据搭建的试验模型(此例为缩尺寸的、实际可测的小模型),研究测试其体积

为保证精确性,需要将其中加入的液体用量筒多次测量并求平均值。因为试验采用的是实验室的缩尺寸模型,所以测量其体积很容易实现。测试完成后,确定目标量(容器的体积 V)与某个或某几个相关且易测的特征物理量(如某部位的尺寸 L)之间的关系。对于涉及变量较多的复杂工程问题,需要着重关注一些关键量之间的关系。一般在探寻其中两个量之间的关系时,应使其他物理量固定不变,保持为常数。

1.6.2.3 研究体积与特征尺寸(V-L)之间的关系

获知该关系后,已知 V'',l'',l',即可求得 V'。

1.6.2.4 探索 V-L 关系式(问题背后的本质规律)

由于本质规律与具体的外在形状无关,对于所有的几何模型都是适用的。因此,人们应从简单的几何模型入手(如图1.4所示),探索 V-L(体积与长度)关系的规律性,并将其推广应用至复杂的几何试验模型或工程原型中。

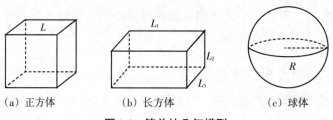

(a) 正方体	(b) 长方体	(c) 球体

图1.4 简单的几何模型

(1)对于所有相似的正方体,可以得出 V-L 的关系为 $\dfrac{V}{L^3} = 1$。

（2）对于所有相似的长方体，可以得出 $V-L$ 的关系为 $V=L_1 L_2 L_3 = L_1^3 \frac{L_2}{L_1} \frac{L_3}{L_1} = L_1^3 L_{21} L_{31}$，进而得出 $\frac{V}{L_1^3} = L_{21} L_{31} =$ 常数。

（3）对于所有相似的球体，可以得出 $V-L$ 的关系为 $\frac{V}{R^3} = \frac{4}{3}\pi$。

从上述 3 个例子中可以发现：对于任何相似的几何物体，$\frac{V}{L^3}$ 均为某恒定的常数 K，且常数 K 与几何形状有关，随着几何形状的不同而变化。如果几何形状相似，那么该常数 K 为定值。因此，对于上述试验模型中固定的几何形状，也存在固定常数等于 $\frac{V}{L^3}$。该常数 K 的值可通过测试模型实验中的体积 V 及特征长度 L 计算获得。由于试验模型与工程原型的几何形状相似，工程原型中的待测体积 V' 及可测特征长度 L' 之间的关系式与模型实验中的关系式相同，即 $K = \frac{V'}{L'^3}$。由于 K 已从试验模型中获得，特征长度 L' 在工程原型中可测，利用关系式 $K = \frac{V^2}{L'^3}$，即可获得 V'。

1.6.3 模型实验法的使用范围

模型实验一般包括模型设计、制作、测试和分析总结等几个方面，核心问题是如何设计分析模型。现以结构分析为例，说明模型实验在工程应用中的使用情况，具体包括如下 3 个方面。

1.6.3.1 代替大型结构试验或作为大型结构试验的辅助试验

许多受力复杂、体积庞大的构件或结构物，往往因为现场试验难以组织、室内的足尺寸实验受经济能力及室内空间的限制等原因，很难进行实物试验，此时需用模型实验来代替大型结构试验。对于那些重要的复杂结构，模型实验可作为实际结构试验的辅助试验。在开展实物试验之前，先通过模型实验获得必要的参考数据，这样可使实物试验工作更有把握。

1.6.3.2 作为结构分析计算的辅助手段

当设计受力较复杂的结构时，由于设计计算存在一定的局限性，往往通过模型实验进行结构分析，以弥补设计上存在的不足，核算设计计算方法的适应性，比较设计方案。

1.6.3.3　验证和发展结构设计理论

新的设计计算理论和方法的提出，通常需要一定的结构试验来验证，由于模型实验具有较强的针对性，故验证试验一般均采用模型实验形式。

模型实验由于模型制作尺寸存在一定的误差，故常与计算机分析相配合，试验结果与分析计算结果互相校核。此外，模型实验很难模拟某些起到关键作用的局部细节结构，如结构连接接头、焊缝特性、残余应力、钢筋与混凝土间的握裹力及锚固长度等，故对这种结构进行模型实验之后，还需进行实物试验做最后的校核。

1.6.4　模型实验法与传统方法的特点

本部分列出了模型实验法与其他传统方法的具体特点，使读者可以更方便地进行对比。

1.6.4.1　理论分析法

不同的理论方法得到的解析解可能不同，有时又难以求解。

1.6.4.2　数值计算——仿真分析

由于现代计算机的容量非常大，对于极其复杂的数学模型能充分加以分析，对于高维问题的分析也是有利的。但是使用复杂数学模型的计算结果即便与试验结果一致，也不能说明那个数学模型一定是正确的。由于工程中的一些不确定因素、输入参数难以精确、模型简化等问题，使其存在一定的局限性。

1.6.4.3　现场实测法

现场实测法只在工程施工过程中进行，投入较大，周期较长。

1.6.4.4　模型实验法

模型实验法可使工程中发生的现象在实验室中再现，还可以对实验中的影响因素进行系统分析。在进行模型实验时，支配模型的物理法则与支配原型的物理法则必须相同，其作用机制也必须相同。因此，应对原型具有某种程度的理解。不过，仅仅列举许多的物理法则（或限制条件），可能将对模型材料等变量提出过高的要求，这也很有可能导致不能实现模型实验。例如，如果过分要求用动力黏度小的流体作为模型材料，而这样的材料在自然界中不存在或人工制造很困难，将导致模型实验无法完成。为了能够进行模型实验，必须用某种方法减少所列举的物理法则的数目，这一点既是模型实验的短处，又是模型实验的长处。为此，人们必须找出支配原型的本质的物理法则，从而促进自身对现象本质的理解。也就是说，为了着手进行模型实验，即使是低维问题，也必须从准确地理解原来的现象开始。

1.6.5 模型实验法的优缺点

随着各门类科学技术的不断更新、进步，以相似理论和模型实验为基础的相似分析技术已日益成为广大科技工作者实验研究能力的重要组成部分。相似方法与模型实验正为越来越多的人所掌握、接受。

模型实验相对于许多难以进行参数设计或测量的工程原型而言，具有如下优点。

（1）模型实验可严格控制试验对象的主要参数而不受外界条件的限制，做到结果准确。

（2）模型实验有利于在复杂的试验过程中突出主要矛盾，便于把握、发现现象的内在联系，有时可对原型进行校验。

（3）模型实验一般按照比例缩小，故制造容易、拆除方便，节省人力、物力和时间。

（4）模型实验能预测尚未建造出的实物或无法直接研究的实物性能，有时可用于探索未全面了解的现象或结构的基本性能或极限值。

（5）在不能采用其他分析方法的情况下，模型实验可以成为解决工程实际问题的一种可行的探索手段。

然而，就模型实验法本身而言，它仍有一定的局限性，体现在以下4个方面。

（1）相似模型的本质在于，原型放大或缩小后，其物理本质不变，即物质的点距仅随着比例在空间上增大或缩小。所以，在构建设计试验模型时，模型的条件若不能满足，将导致模型出现"畸变"现象，给后续试验带来一定的困难。

（2）相似模型实验结果的"正确性"是相对的，在很大程度上依赖人们对现象的主观判断。因为需要研究的事物往往是人们不太了解的，所以试验结果往往摆脱不了已有的、局限的实践经验的限制。

（3）在量纲分析时，难以辨别量纲相同的量和零量纲的量，更难辨别量中的主次性，建立相似准则时容易漏项，等等，都体现了相似模型实验分析方法的不足。

（4）鉴于目前的数学理论不支持用多项式来定义相似准则，相似准则的表达就只能用单项式这一种形式来定义。比如，牛顿第二定律可以用 $\dfrac{F}{ma}=1$ 来描述；初速度为零的自由落体运动 $\left(S=\dfrac{1}{2}gt^2\right)$ 能够用 $\dfrac{S}{gt^2}=0.5$ 来描述。而当自由落体运动的初速度不为零时，就不能用一个单项式来表达了。但是"不能用多项式来定义相似准则"不等于"不能用多项式来描述现象"，即任何现象总是最大限度地能够用单项式或多项式来表达。

1.7 相似系统

相似系统是研究自然界中相似性科学的理论，它不仅可以说明系统间存在特性相似，而且可以研究相似程度的大小。相似系统通过对不同类型、不同层次系统间存在相似特性的揭示、相似性大小的度量、相似性的形成与演变，使人们获得对相似性的正确认识。

系统是由相互作用、相互依存的若干元素组成的具有特定功能的有机整体，系统的基本特性是具有整体性、层次性、目的性和适应性等。系统与系统之间可以通过接口或界面构成联系，一个系统可以包含另一个系统，形成共存形式的关系或上下层系统的关系，多个系统可以共同构成更加复杂的系统。系统是人类对于自然事物的分类和抽象，系统之内的事物必然存在相似。

1.7.1 相似元的概念

人们在研究系统间的相似性时，一个相似现象就是系统间的一个相似单元，简称相似元，用 u 表示。系统间存在一个相似特性，则呈现出一个相似现象，得出一个相似元。很显然，不同相似元的属性和特征不同。当系统间存在 n 个相似特性时，则呈现出 n 个相似现象，得出 n 个相似元。如果假定上述定义对于任意系统间都适用，那么下面两条关系是普遍有效的。

（1）如果在 A 系统中存在一个要素与 B 系统中的某个要素相似，那么在 B 系统中的那个要素也就与 A 系统中的对应要素相似。

（2）如果在 C 系统中有一个要素既与 A 系统中的某个要素相似，又与 B 系统中的某个要素相似，那么 A 系统中的某个要素也就与 B 系统中的对应要素相似。

相似元描述系统间对应的相似要素，实际上反映了系统间对应的子系统的相似。用相似元数值大小表明相似要素的相似程度，用不同的相似特性和相似概念可以构造不同种类的相似元。

传统相似理论把相似现象定义如下：服从同一自然规律，为文字完全相同的方程组所描述，组成相似现象的一切单值量彼此互成比例，且比例系数之间存在某种约束关系，这种关系称相似指标。对于相似现象，相似指标等于1，比例系数又称相似倍数。

对于很多系统间的相似特性，不能用经典相似理论来描述，即很多系统间的相似特性是模糊的。系统中任何一个相似特性都有一定的特征值，当相似要素的特征值存在模糊性时，其特征值定义为模糊特征值，相似要素称为模糊相似要素，模糊相似要素及相似特性构成模糊相似。系统间的很多要素及其特性是模糊的，由在系统间的一系列模糊相似要素及特性构成一系列模糊相似元，模糊相似元由构造方法和数值确定。

1.7.2 相似系统分类

在"1.3 相似类型"一节中，已经提到一般相似和具体相似的概念，相似系统也可分为一般相似系统和具体相似系统。

一般相似系统指一般系统间存在的相似性系统。具体相似系统指两个具体系统间存在的相似性系统。这种具体相似系统是现实的，不管是自然的，还是人工的，如天体之间存在着相似性，构成天体相似系统。

相似系统又可分为他相似系统和自相似系统。不同类型的系统之间的相似性称为他相似，同一系统内部不同层次子系统之间的相似性称为自相似。

按照相似程度不同，还可将相似系统分为相同系统、相似系统和相异系统。

一般而言，对于任意两个系统，其要素及特性可能既不是全同，也不是全异，而是部分相同或相异。这部分相同或相异即相似性的意义。相似的两个极端为相同或相异，完全相同的系统称为相同系统，完全相异的系统称为相异系统，系统间存在一定相似性的系统是相似性系统。相同、相异或相似是相对概念，大多数系统间或多或少存在某些相似性，只是相似程度大小问题。从这个意义上说，自然界中的相似性系统是普遍存在的。

相同系统指系统间组成要素的数量相同，每一对应相似要素的特性相同，且要素之间的关系相同的相似系统。相同系统的相似度为 $Q=1$，这是相似系统的特例。

相似系统指系统组成要素和特性部分相同，系统的相似度为 $0<Q<1$。

相异系统指系统间不存在相同和相似的要素，且特性相异的系统。相异系统的相似度为 $Q=0$，这也是相似系统的特例。

实际上，任何事物，如一个生物个体、一个天体、一个群落、一个经济实体等，都是一个系统，某个相似特性只是系统相似的一个因素。任何两个系统间的相似性，是系统间被比较着的许多要素及每个要素特性的函数。因此，应从系统的全部组成要素及其属性或特征上考察系统间的相似性。由相似系统的基本理论来识别系统要素，进而对要素特性进行定性分析及定量计算。系统间相似程度的高低用相似度大小来表示，由系统与集合的关系考察系统组成要素的数量，用相似元的数值方法确定相似元数值的大小，进而计算系统的相似度。

1.7.3　相似安全系统学的概念

人们为何总是"重复昨天的事故"，因为重复事故的发生条件都是相似的，相似安全系统学能够从本质上很好地加以证明：有相似的事故发生条件，就可以发生类似的事故，因此，可以通过打破相似条件来抑制同类事故的重复发生。人们可以运用相似学的度量分析方法，发展多种安全系统分析、模拟、预测、评价的方法，提高安全系统实践效果，进而对安全系统开展相似分析、相似评价、相似设计、相似创造、相似管理等活动。安全系统间相似性的分析，可以从安全系统的功能、结构、演化等角度，比较系统组成要素之间、组成要素与系统整体及系统与系统之间的相似特征、相似特征与系统功能的关系和相似度大小。朴素的相似思想在过去已经被广泛地应用于安全科学与工程的实践中，如吸取事故经验，制定规章制度预防类似事故发生，学习和推广安全企业的先进经验和做法，开展新建、改建或扩建项目前调查和学习先进企业或公司的经验。相似安全系统学是传统安全系统原理的突破，它创新了安全系统研究的思维模式，对于安全科学基础理论的完善、学科体系的发展均具有积极的建设性作用。

1.8 总 结

目前，相似理论已成为一门完整的学科，它是最先进的科学研究方法之一，是处理实验数据的理论基础。因此，对于以实验为基础的一些学科（如传热学、传质学和流体力学等），相似理论有着特别重大的意义。相似理论的科学价值是巨大的，它在以下3个方面有广泛的应用。

首先，相似理论是一种完整地研究、整理和综合实验数据的一般方法论。根据相似理论，可将影响现象发展的全部物理量适当地组合成几个无量纲的相似准则，然后把这些相似准则作为一个整体来研究各个物理量之间的函数关系。这种做法不仅大大地减少了实验工作量和费用，而且扩大了实验结果的使用范围。总的来说，相似理论解决了实验中应测量哪些物理量，以及实验数据、实验结果可以推广到哪些现象中等实验过程中应该解决的问题。把个别实验结果推广到相似现象群中，是相似方法在实践方面和理论方面最重要的贡献。

其次，相似理论实际应用的另一个方面是指导模型实验，也就是说，相似理论是模化实验的理论基础。所谓模化实验，是指不直接研究自然现象或技术设备本身所进行的实际过程，而利用与它们相似的模型（一般用缩小的模型，但少数情况下也用放大的模型）来进行实验研究的方法。具体来说，模化实验是用方程分析或量纲分析的方法导出相似准则，并根据相似理论进行模化实验的方法。通过模化实验，可确定相似准则之间的函数关系，用模化实验来研究诸如大型换热或巨大的水工建筑等工业设备或工程建筑时，可以发现它们的各种缺陷，并寻求消除这些缺陷的各种方法。同时，利用模化实验，可以为实际设备的设计提供最佳方案。

模化实验已被推广应用于很多科学领域，如具有相变的沸腾和换热过程、加湿和干燥过程、叶片冷却过程等各种物理过程。近30多年来，对于各种不同的问题已研究出相应的近似模化实验，这大大地促进了模化学的发展。模化实验不要求所有的相似条件都得到满足，而只需满足为保证实验结果具有足够的准确性所必须满足的几个主要的相似条件。

最后，相似理论也被应用于理论分析方面。将描述现象的微分方程无量纲化，就能确定某些相似变量的数学结构。利用所得的相似变量，可以将偏微分方程变换为常微分方程，使之易于求解。将有量纲的偏微分方程组变为无量纲的常微分方程组的方法，被更广泛地应用于各种科学领域，这是相似理论发展的另一个重要方向。

但是，相似理论中也存在着许多基本概念，并且相似理论的应用需要研究人员对研究对象本身有着深入的了解。因此，正确应用相似理论并得到有效的实验结果，必须建立在掌握其概念的基础之上，这一点是需要重视的。

第2章 相似第一定理

相似第一定理，即相似的现象，其单值条件相似，相似准数的数值相同。
这一结论的推得，是由于相似的现象具有如下性质。

（1）相似的现象，必然在几何相似的系统中进行，而且在系统中所有的各相应点上，表示现象特性的各同类量间的比为常数，该常数即相似常数。当然，对每一种不同的量，这些相似常数都有自己的数值，对于每对不同的相似现象，这些常数值是不同的。

（2）相似的现象，必然是同一个性质的现象，服从于自然界的同一种规律。因此，表示现象特性的各个量之间并不是互不相关的，而是为某一种规律所约束着，在它们之间存在着一定的关系。例如，将这些关系以数学关系式的形式表示，对于相似的现象，数学关系式在文字上的描述是相同的。

上面的两个性质，第一个性质说明了相似的概念，但是单凭这一点，只能说明相似的定义，不能找出相似现象所共同服从的规律。第二个性质可以利用描述现象的各个量之间的关系方程式经过相似转换获得相似准数，得到"相似的现象，其相似准数的数值相同"这样一个定理。因此，表示现象特性的各个量间的关系方程式的存在，是相似的基本定理可能形成的先决条件。

可以这样说，自然界的现象总是服从于某些规律，其表示现象特性的各个量之间总是存在着一定的关系。利用相似的概念来阐明相似现象中这些量之间所存在的一定关系，这是相似第一定理的主要内容。

表面看来，所有的相似常数似乎都是可以任意选定的，但实际上，并非如此。这是由于反映物理过程特征的各个物理量之间不是互不相关的，而是存在着一定的关系，这种关系反映了物理过程的规律，并可用数学方程的形式来表示。正因为如此，各种物理量的相似常数之间也必然存在着一定的联系。

下面列举几个简单的几何模型（如图1.4所示）来对相似第一定理进行说明。在研究开始时，并不知道这些模型的体积（V）与长度（L）之间的关系，需要在建立正确的模型后，自行寻找这两个量之间的关系。

对于所有相似的正方体，可以得出

$$\frac{V}{L^3} = 1 \qquad (2.1)$$

对于所有相似的长方体，可以得出：

$$V = L_1 L_2 L_3 = L_1^3 \frac{L_2}{L_1} \frac{L_3}{L_1} = L_1^3 L_{21} L_{31} \qquad (2.2)$$

进而得出

$$\frac{V}{L_1^3} = L_{21} L_{31} = 常数 \qquad (2.3)$$

再比如球体，对于所有相似的球体，可以得出

$$\frac{V}{R^3} = \frac{4}{3}\pi \qquad (2.4)$$

从上述3个例子中可以发现，对于任何相似的几何物体，$\frac{V}{L^3}$ 均等于一个常数。同时，这个常数会随着几何形状的不同而不同，如果几何形状相似，那么常数为定值。

观察图2.1，如果两个物体几何相似，那么 $\frac{L_1}{L_1'} = C_{e_1}$，$\frac{L_2}{L_2'} = C_{e_2}$，$\frac{L_3}{L_3'} = C_{e_3}$，$\frac{V}{V'} = C_V$，$f(L_1, L_2, L_3, V) = 0$。将 L_1，L_2，L_3，V 称为单值条件，且单值条件构成的无量纲数群的数值相同，如 $\frac{V}{L_1 L_2 L_3}$ 和 $\frac{V}{L_1^3} \frac{L_1}{L_2} \frac{L_1}{L_3}$ 两个无量纲数群，最后数值相同。

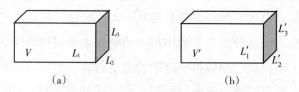

（a）　　　　　　　　　　　　　（b）

图2.1　两个几何相似的物体

根据以上论述，可以得出如下结论：如果两个现象相似，那么其单值条件相似，同名相似准则的数值相同。需要注意的是，由单值条件组成的无量纲数群组有可能存在很多个，将其中物理意义较为明显的，称为相似准数，即相似准则。该结论即相似第一定理。

需要注意的是，相似准数在概念上是"不变量"而非"常量"。之所以说相似准数是不变量，是因为相似准数这一综合数群只有在相似现象的对应点和对应时刻上才数值相等。在由微分方程说明的某个现象中，取同一现象上的不同点，由于其变化过程的不稳定性，不同点处的数值一般不相等。这也正是相似准数在不变量意义上数值相等的实际内涵。所以，相似准数在概念上只能是不变量，不能是常量。

此外，如第1章所述，相似准数与相似常数虽然同为无量纲量，但它们在意义上却存在着很大的差别。相似常数是指在一对相似现象的所有对应点和对应时刻上，有关物理量均保持其比值不变，一旦此对相似现象被相似系统中的另一对相似现象所替代，则虽然物理量相同，但比值却不同。相似准数则与此不同。相似准数是指一个现象中的某一个量（无量纲综合数群），它在该现象的不同点上具有不同的数值，但当这一现象转变到与它相似的其他各个现象时（此类现象不限于一个，可达无数个），则在对应点和对应时刻上保持相同的数值。

这种差别是容易理解的：对于任意两个相似现象，如果把每一个相似常数都理解成代表着某一物理量在特定情况下的相似系统，那么在该特定情况下，每个单一物理量的相似系统都必然落在把这些物理量总合在一起的相似准则所代表的相似点上。由于这个点只能是一点，且相似准则所得数值也只与这一相似点相符，所以不能将此值扩展到这两个现象的其他相似点上。其他相似点应该有自己新的相似准则。相似准则与相似常数相比，其重要性在于它是总体地而不是个别地反映单个因素的影响，所以能更清楚地显示出过程的内在联系。

根据上述相似第一定理的结论，可知前面建立的两个相似图形满足这一定理，同名相似准则的数值相同，即 $\dfrac{V'}{L'^3} = \dfrac{V''}{L''^3} = K$，这里的 K 为一个定值。假如已知 $\dfrac{V''}{L''^3}$ 的比值，就相当于知道了 K 这个常数。如果再知道 V'，就可以根据 $V' = KL'^3$ 求得 L'，或者知道 L' 求解 V'，其他图形也可以采用类似方法。

运用相似第一定理的难点主要有两个：① 找单值条件；② 找相似准数。

接下来以流体力学为例，对相似第一定理加以进一步的说明。

如图2.2所示，两个相似的运动 A 和 B，其单值条件相似，对应量成比例。

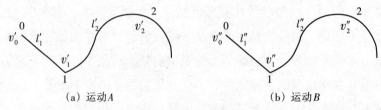

(a) 运动A   (b) 运动B

图2.2 两个相似的运动

由图2.2可知，

$$f(l, v, t) = 0 \tag{2.5}$$

式中，l——位移；

  v——速度；

  t——时间。

$$\frac{l_1'}{l_1''} = \frac{l_2'}{l_2''} = \frac{l'}{l''} = C_e \Rightarrow l' = C_e l'' \tag{2.6}$$

$$\frac{v_0'}{v_0''} = \frac{v_1'}{v_1''} = \frac{v_2'}{v_2''} = C_v \Rightarrow v' = C_v v'' \tag{2.7}$$

$$\frac{t_1'}{t_1''} = \frac{t_2'}{t_2''} = \frac{t'}{t''} = C_t \Rightarrow t' = C_t t'' \tag{2.8}$$

同名相似准则的数值相同，那么对于运动而言，相似准则是什么呢？

对于所有的运动（无论它们是否相似）都满足微分方程：

$$v = \frac{\mathrm{d}l}{\mathrm{d}t}$$

对于运动A，则

$$v' = \frac{\mathrm{d}l'}{\mathrm{d}t'} \tag{2.9}$$

对于运动B，则

$$v'' = \frac{\mathrm{d}l''}{\mathrm{d}t''} \tag{2.10}$$

再将式（2.6）至式（2.8）带入式（2.9），得

$$C_v v'' = v' = \frac{\mathrm{d}l'}{\mathrm{d}t'}, \quad \frac{\mathrm{d}l'}{\mathrm{d}l''} = C_l \Rightarrow \mathrm{d}l' = C_l \mathrm{d}l''$$

$$\frac{\mathrm{d}t'}{\mathrm{d}t''} = C_t \Rightarrow \mathrm{d}t' = C_t \mathrm{d}t''$$

$$C_v v'' = \frac{C_e \mathrm{d} l''}{C_t \mathrm{d} t''} \tag{2.11}$$

整理式（2.10）和式（2.11）得

$$C_v = \frac{C_l}{C_t} \Rightarrow \frac{C_v C_t}{C_l} = 1 \tag{2.12}$$

从式（2.12）中可以看出，整个式子均由相似常数组成，人们将这种由相似常数组成的表达式称为相似指标式。可以得出结论，"对于相似的现象，其相似指标等于1"，或者表述为"对于相似的现象，其相似准则的数值相同"，这就是相似第一定理。这一定理实际上是对相似现象的一种概括，也是现象相似的必然结果。这也说明，各相似常数不是随意选择的，它们的相互关系要受"相似指标等于1"这一条件的约束。换言之，在 C_v，C_t，C_l 中，只有二者可以任意相似。

下面继续对式（2.12）进行变形处理。将相似常数带入相似指标式中，对相似指标式进一步整理：

$$\frac{C_v C_t}{C_l} = 1 \Rightarrow \frac{\dfrac{v'}{v''} \dfrac{t'}{t''}}{\dfrac{l'}{l''}} = 1 \Rightarrow \frac{v't'}{l'} = \frac{v''t''}{l''} = \cdots \tag{2.13}$$

由此得到了一个新的关系式，即式（2.13）。式（2.13）为无量纲式，它与相似指标式（2.12）有以下三点不同。

（1）式（2.13）由单值条件中的部分或全部物理量组成，即表达式中的物理量全部是单值条件中的物理量。

（2）式（2.13）中的量没有量纲。

（3）在等号两边对应位置上，式（2.13）的数值相同。

这个无量纲式就是前面所提到的相似准数。根据第三点，可以得出以下结论：若两个现象相似，则对应点上的相似准数相同。另外，将式（2.13）中的 $\dfrac{vt}{l}$ 称为谐时准数。

下面再举一例：两个相似的物体受力运动，单值（变量）条件［即 $f(m, F, v, t) = 0$］相似，对应物理量互成比例，可得

$$\frac{F'}{F''} = C_F, \quad \frac{m'}{m''} = C_m, \quad \frac{v'}{v''} = C_v, \quad \frac{t'}{t''} = C_t \tag{2.14}$$

将式（2.14）变形得

$$F' = C_F F'' \tag{2.15}$$

$$m' = C_m m'' \tag{2.16}$$

$$t' = C_t t'' \tag{2.17}$$

$$v' = C_v v'' \tag{2.18}$$

对于所有受力运动（不论两个受力是否相似）都满足 $F = m\dfrac{\mathrm{d}v}{\mathrm{d}t}$ 这一微分方程，所以：

对于运动现象 A，则

$$F' = m'\frac{\mathrm{d}v'}{\mathrm{d}t'} \quad （建立联系） \tag{2.19}$$

对于运动现象 B，则

$$F'' = m''\frac{\mathrm{d}v''}{\mathrm{d}t''} \tag{2.20}$$

将式（2.15）至式（2.18）代入式（2.19）得

$$C_F F'' = m'' C_m \frac{C_v \mathrm{d}v''}{C_t \mathrm{d}t''} \tag{2.21}$$

将式（2.20）和式（2.21）整理后，得到相似指标式为 $\dfrac{C_F C_t}{C_m C_v} = 1$，也可用同样方法得到 $\dfrac{Ft}{mv}$，并称之为牛顿数。

所以，对于两个动力相似而言，相似指标式为 $\dfrac{C_F C_t}{C_m C_v} = 1$，对应点上牛顿数的数值相同。上述举例说明了相似第一定理，即如果二者相似，那么单值条件相似，相似准数的数值在对应点上相等。

2.1 相似准数的获取

目前，相似准数的导出方法主要有3种，即定律分析法、方程分析法和量纲分析法。从理论上说，这3种方法都可以得出同样的结果，只是用不同的方法对物理现象（或过程）做数学上的描述。但在实际运用上，这3种方法却有各自不同的特点、限制和要求。

2.1.1 定律分析法

定律分析法要求人们必须充分地运用已经掌握的全部物理定律对所研究的

现象进行分析，并能辨别其主次。只要满足这个要求，解决问题并不困难，而且可以获得数量足够的、能反映现象实质的准数项。但这种方法有以下缺点：

（1）局限于就事论事，看不出现象的变化过程和内在联系，故只能作为一种理论方法，缺乏典型意义；

（2）由于必须找出全部物理定律，所以对于未能全部掌握其机制的、较为复杂的物理现象，运用这种方法是不可行的，甚至无法找到它的近似解；

（3）常常会有一些物理定律，表面看上去与所讨论的问题关系并不密切，但又不宜妄加剔除，需要通过实验去找出各个定律间的制约关系，并决定哪个定律对问题说来是重要的，因此，实际上为解决问题带来了不便。

2.1.2　方程分析法

方程分析法包括相似转换法和积分类比法。这里所说的方程，主要是指微分方程。此外，也有积分方程、积分-微分方程，它们统称为数理方程。这种方法的优点如下：

（1）结构严密，能反映对现象来说最为本质的物理定律，故可指望其在解决问题时得出可靠的结论；

（2）分析过程程序明确，分析步骤易于检查；

（3）各种成分的地位一览无余，便于推断、比较和校验。

但是，这种方法也有如下缺点：

（1）在方程处于建立阶段时，需要人们对现象的机制有很深入的认识；

（2）在有了方程以后，由于运算上的困难，并非任何时候都能找到它的完整解析解，或者只能在一定假设条件下找出它的近似数值解，因此，在某种程度上，失去了它原来的意义。

2.1.3　量纲分析法

量纲分析法是在研究现象相似的过程中，对各种物理量的量纲进行考察时产生的，它的理论基础是关于量纲齐次方程的数学理论。根据这一理论，一个能完整、正确地反映物理过程的数学方程必定是量纲齐次的，这也是本书之后所用到的 π 定理得以通过量纲分析导出的理论前提。量纲分析法的具体步骤如下。

（1）列出问题的全部物理量（有量纲量、无量纲量、量纲常数，其中只能有一个非独立变量），并计算其总数量 n。除了要研究的非独立变量外，各物理量之间必须相互独立，比如半径（r）和面积（S）只能列一项。

（2）列出 n 个物理量中每一个物理量的基本量纲，求出基本量纲总数量 m 和基本物理量的数量 j，选出 j 个基本物理量。

基本物理量的选择要注意以下原则：

① 基本物理量必须包括所有基本量纲；

② 基本物理量的量纲必须彼此独立，即基本物理量自身不能形成一个无量纲组合；

③ 不能选择所研究的非独立变量作为基本物理量；

④ 不能选择无量纲量作为基本物理量；

⑤ 尽量选择量纲常数而不是量纲参数作为基本物理量；

⑥ 尽量选择简单参数而不是复杂参数作为基本物理量；

⑦ 尽量选择常见参数作为基本物理量。

通常情况下，j 与 m 相等；特殊情况下，j 也可以小于 m，但是不能大于 m。

（3）根据布金汉 π 定理计算 π 的期望值 k。

$$k = n - j \qquad (2.22)$$

（4）将 k 个物理量分别与 j 个基本物理量构造 k 个无量纲量 π，并做必要处理。

处理过程根据相似准数的以下性质进行：

① 相似准数的 n 次方仍是相似准数；

② 相似准数的乘积仍是相似准数；

③ 相似准数乘以无量纲的数仍是相似准数；

④ 相似准数的和与差仍是相似准数；

⑤ 相似准数中任一物理量用其差值形式代替仍是相似准数。

（5）写出最终函数关系式并进行检查。

量纲分析的优点是定理一经导出，便不再局限于带有方程的物理现象。这时根据正确选定的物理量，通过量纲分析法考察其量纲，可以求得与 π 定理相一致的函数关系式，并据此进行实验结果的推广。量纲分析法的这一优点，对于一切机制尚未彻底弄清、规律也未充分掌握的复杂现象来说，尤为明显。它能帮助人们快速地通过相似性实验核定所选参量的正确性，并在此基础上，不断地加深人们对现象机制和规律性的认识。

当然，量纲分析法也有自身的不足和限制，使用中，要慎加注意。

（1）量纲分析法的结论受研究人员主观因素的影响很大。任一现象或物理过程都要受到一系列复杂因素的影响，如果研究人员没有对该现象进行全面的观察和深入的分析，万一遗漏某些有重要影响的因素，就可能得出片面甚至错误的结论。

（2）有些常数也是有量纲的。

（3）不能区分量纲相同而物理含义不同的物理量。

（4）在确定准数及准数方程过程中，不能显示物理过程的具体特征及物理量之间的具体联系特征。

以上3种方法中，方程分析法和量纲分析法目前应用较广，其中又以量纲分析法最为常用。但是定律分析法在许多情况下也可以采用，并且有时十分方便。在相似条件下，有时可以将各种方法结合使用。能用量纲分析法的地方，未必能用方程分析法；而在能用方程分析法的地方，必定能用量纲分析法（只要物理量正确）。当研究的对象过于复杂，不能列出微分方程时，量纲分析法往往成为获得相似准数的唯一方法，它是解决近代工程技术问题的重要手段之一。

本书将重点介绍上述3种方法中应用较为广泛的方程分析法和量纲分析法。

2.2 相似转换法

获取准数的第一种方法，被称为相似转换法，它是一种方程分析法。所有相似运动都满足同一个微分方程，是运用该方法的前提。

下面以如图2.3所示弹簧-质量-阻尼系统为例，对相似转换法进行讲解。

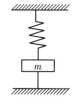

图2.3 弹簧-质量-阻尼系统

设计单值条件如下：位移为 y、质量为 m、阻尼系数为 η、弹簧刚度为 k、时间为 t、初始位移为 y_0。则可以得出其初始速度为

$$v_0 = \frac{\mathrm{d}y}{\mathrm{d}t}\bigg|_{y=y_0} \tag{2.23}$$

相似转换法的步骤如下。

（1）写出现象的基本微分方程。

$$m\frac{\mathrm{d}^2 y}{\mathrm{d}t^2} + \eta\frac{\mathrm{d}y}{\mathrm{d}t} + ky = 0$$

（2）将单值条件参数表示为参数相似。

$$\frac{y'}{y''} = C_y, \quad \frac{k'}{k''} = C_k, \quad \frac{m'}{m''} = C_m, \quad \frac{t'}{t''} = C_t, \quad \frac{\eta'}{\eta''} = C_\eta$$

单值条件相似：

$$\begin{cases} y' = y'_0 \\ y'' = y''_0 \end{cases} \Rightarrow C_y = C_{y_0} \Rightarrow \frac{C_y}{C_{y_0}} = 1 \Rightarrow \frac{C_{v_0}C_t}{C_{y_0}} = 1$$

$$\begin{cases} \dfrac{\mathrm{d}'y}{\mathrm{d}'t} = v'_0 \\ \dfrac{\mathrm{d}''y}{\mathrm{d}''t} = v''_0 \end{cases} \Rightarrow \frac{C_y}{C_t} = C_{v_0} \Rightarrow \frac{C_{v_0}C_t}{C_y} = 1$$

$$\Rightarrow \frac{v_0 t}{y_0} = 不变量$$

（3）代入微分方程，得

$$\begin{cases} m'\dfrac{\mathrm{d}^2 y'}{\mathrm{d}t'^2} + \eta'\dfrac{\mathrm{d}y'}{\mathrm{d}t'} + k'y' = 0 \\ m''\dfrac{\mathrm{d}^2 y''}{\mathrm{d}t''^2} + \eta''\dfrac{\mathrm{d}y''}{\mathrm{d}t''} + k''y'' = 0 \end{cases}$$

将步骤（2）中的相似常数表达式代入微分方程中，得

$$\frac{C_m C_y}{C_t^2}m''\frac{\mathrm{d}^2 y''}{\mathrm{d}t''^2} + \frac{C_\eta C_y}{C_t}\eta''\frac{\mathrm{d}''y}{\mathrm{d}t''} + C_k C_y k''y'' = 0$$

根据微分对应关系可得

$$\frac{C_m C_y}{C_t^2} = \frac{C_\eta C_y}{C_t} = C_k C_y = 1$$

$$\begin{cases} \dfrac{C_m C_y}{C_t^2} = \dfrac{C_\eta C_y}{C_t} \Rightarrow \dfrac{C_\eta C_t}{C_m} = 1 \Rightarrow \dfrac{\eta t}{m} = 不变量 \\ \dfrac{C_m C_y}{C_t^2} = C_k C_y \Rightarrow \dfrac{C_k C_t^2}{C_m} = 1 \Rightarrow \dfrac{k t^2}{m} = 不变量 \end{cases}$$

2.3 积分类比法

获取准数的第二种方法为积分类比法，也是一种方程分析法。积分类比法是一种比较简单的方法，一般都用它来代替相似转换法。

积分类比法的原理如下。

（1）由于彼此相似的现象可用完全相同的完整方程组来描述，所以它们的对应方程式中各对应项的比值相等，也就是第一个方程式中任意两项的比值与第二个方程式中对应两项的比值相等；同时，由于物理方程式中各项的因次相同，所以上述比值是无因次量。

（2）描述现象的各物理量的任意阶导数（微分）可以用其相应的积分形式，即所谓积分类比来代替。

$$m\frac{d^2y}{dt^2} + \eta\frac{dy}{dt} + ky = 0$$

用其中一项去除其他项，比如用 ky 去除其他项，得到两项 $\begin{cases} \dfrac{m\dfrac{d^2y}{dt^2}}{ky} \\ \dfrac{\eta\dfrac{dy}{dt}}{ky} \end{cases}$ ，将导

数用比值代替（积分），如 $\dfrac{dy}{dt} \Rightarrow \dfrac{y}{t}$, $\dfrac{d^2y}{dt^2} \Rightarrow \dfrac{y}{t^2}$。

$$\begin{cases} \dfrac{m d^2y}{dt^2} \Big/ ky \Rightarrow \dfrac{m}{kt^2} = 不变量 \\ \dfrac{\eta\dfrac{dy}{dt}}{ky} \Rightarrow \dfrac{\eta}{kt} = 不变量 \end{cases}$$ （由单值条件确定的准则同上）

获取相似准数的步骤如下。

（1）写出描述现象的基本微分方程组及全部单值条件。

（2）方程式中所有物理量的各阶导数都用它们的积分类比式代替，即去掉所有的微分符号。当用积分类比式代替时，各坐标分量用总量代替，坐标 x, y, z 用定性线尺寸代替。

（3）方程式中的运算符号（+，−，=）都用比例符号（∶）代替，得到比

例关系式，如果关系式中有几个相同的比例式，那么只取一个即可。

（4）用任一比例式去除同一方程中的其他各比例式，得到所要求的相似准数。

积分类比法的步骤如下。

（1）分析物理现象。

（2）列出描述现象的微分方程。

（3）写出单值条件的表达式（相似常数表达式）。

（4）将相似常数表达式代入微分方程进行相似变换，得到相似指标式。

（5）将相似常数表达式代入相似指标式，得到相似准数。

2.4 总 结

相似第一定理说明了物理现象相似的必然结果，它是相似的物理现象所应具有的特征。

总之，各相似常数之间之所以必须受一定条件约束，是由于物理量之间存在着一定的关系。约束条件的具体形式完全取决于各物理量间互相联系的具体形式，也就是取决于联系这些物理量的数学式。因此，为了揭示相似常数之间的约束条件，必须先建立物理量之间的数学式，即使这些数学式是一些不能积分的微分方程，也同样可以求出相似常数之间的约束条件。

当仅知道某些物理量间存在着一定的联系，但不能用数学式把它们之间的联系表达出来时，人们虽然可以肯定约束条件是存在的，但无法用严格的相似理论求得这些物理过程中相似常数之间的具体表达式。由此可见，描述现象特性的各种物理量间关系方程式的存在，是形成相似基本定理的先决条件。如果没有描述物理现象特征的数学分析式，那么全部相似理论的内容只能停留在相似的定义上，而不能得到进一步的发展。

第3章 量纲（因次）分析法

当第2章中提到的方程无法获得时，我们可以使用量纲分析法。量纲分析法是从研究过程中所包含的物理量的量纲着手，运用形式推理来研究问题的一种方法。量纲分析法同样是基于量纲一致性的概念，任何一个物理方程各项的量纲必定是相同的。一般来说，实验中需要关联很多重要变量的影响，这是极其烦琐的工作，而通过量纲分析可以把给定条件下的变量组合成无量纲参数，这些无量纲参数的数目要比原始变量的数目少，故对实验工作很有好处，能使实验数据的整理工作大为简化。

量纲分析法的特点是简单而易于掌握，即在对所研究的问题进行量纲分析时，不需要深究它内部过程的细节，只需了解这个过程应遵守哪些基本定律、在所研究范围的边界上有哪些物理量对过程的发展具有重要影响，以及有哪些物理量包含在单值性条件中。但是，为了正确地使用量纲分析法，还是应该尽可能地厘清物理本质，这就要求科技工作者不仅要有较高的理论水平，而且要具有较丰富的实践经验。当人们对所研究的过程无法用数学进行描述时，量纲分析法是唯一可以使用的方法，它的优点和价值就在于此。

量纲分析法的缺点在于使用不当时会导致错误的结果。由于量纲分析法不是以描述该现象的微分方程和单值性条件为根据，也不是从所研究物理现象的机制出发，只是单纯地依靠各个物理量之间的量纲关系来进行分析，因此，用这种方法所得到的相似准则往往不一定具有明确的物理意义，量纲理论本身也不能指明究竟哪些物理量是影响该现象的因素。如果没有正确地选定有关的物理量，就会得出错误的结论。这是量纲分析法的主要缺点之一。

此外，当拟定所研究问题的函数关系式应该包括的物理量时，通常是根据物理过程的本质，利用已有的试验结果，应用逻辑推理方法来确定的。但是，在用量纲分析法得到的结果中尚包含一些待定的无量纲常数，它们的数值要依靠实验来加以补充。因而，量纲分析法只能找到问题中各个变量之间质的联系，不能解决它们之间量的关系。

3.1 基本量度单位和导出量度单位

在科学研究和工程技术工作中，通常要对不同的物理量进行测量。物理学中的物理量通常包含数值和单位两部分，少数的物理量是没有单位的纯数。当某些物理量之间存在着一定的联系时，不必对每个物理量的测量单位都进行独立的选择，可以利用相应的数学公式或定律，通过已确定的物理量的单位来确定另一些物理量的单位。若将其中某些量取作基本量，并给它们规定某些量度单位，则所有其余量的量度单位将以确定的形式通过基本量的量度单位来表示。人们把基本量所采用的量度单位称为基本的或原始的量度单位，而所有其余的量度单位称为导出的或派生的量度单位。目前，世界各国大多使用国际单位制。

在国际单位制出现之前，世界各国、各地区通行单位种类繁多，甚至一个国家的不同地区、一个地区的不同时期所使用的单位制都有很大的差别，这给不同国家之间、不同地区之间在各领域的交流往来造成了极大的障碍。18世纪末，法国创立了一种计量单位制——米制。由于这一单位制比较科学，欧洲大陆各国相继采用。为解决不同国家计量标准不统一的问题，1875年3月，法国政府召开了"米制外交会议"。1875年5月20日，17个国家的代表在巴黎正式签署《米制公约》，确定"米制"为国际通行的计量单位制，创立了国际计量局及其组织体系。1960年召开的第十一届国际计量大会制定了国际单位制，简称"SI"，来自法语的"Le Système International d'Unités（国际单位制）"，应用该单位制在世界各地测量物体的长度或重量、时间等都应得到相同的数值。自1875年以来，计量随着科技进步和经济社会发展不断演进，形成了由国际计量局、国际法制计量组织、区域计量组织、国家计量院共同构成的国际计量架构，致力于实现全球范围的测量准确和可比。多年来，这些机构已制定了多种单位制，以满足商业、工业及科学的需求。

我国很早就以长度作为基本量，推导出容量和质量。新中国成立以后，一方面进行统一计量制度的工作，另一方面建立适应经济发展的新的计量种类，实现计量事业由传统向近代的转变。1959年，国务院发布的《关于统一计量制度的命令》确定了以米制为我国的基本计量制度，全国开展了推广米制、改革市制、限制英制和废除旧杂制的工作。为贯彻对外开放、对内搞活经济的方针，适应我国国民经济、文化教育事业的发展，以及推进科学技术进步和扩大国际经济、文化交流的需要，国务院决定进一步地统一计量单位，以先进的国际单位制作为基础。

最初，国际单位制分为基本单位、导出单位和辅助单位。而1995年召开的第二十届国际计量大会决定取消国际单位制中辅助单位这一分类，只保留基本单位和导出单位。国际单位制共有7个基本单位，某些单位以科学家的名字命名。在国际单位制中，7个基本量分别为长度、质量、时间、电流、热力学温度、物质的量和发光强度，如表3.1所列。

表3.1　用于ISO基本量的7个基本单位

ISO基本量	常用符号	SI基本单位	
		单位名称	单位符号
长度	L	米	m
质量	m	千克	kg
时间	t	秒	s
电流	I	安[培]	A
热力学温度	T	开[尔文]	K
物质的量	n	摩[尔]	mol
发光强度	l_v	坎[德拉]	cd

各基本量纲的定义如下。

（1）长度单位：米（m）。1983年起，米的长度被定义为"光在真空中于1/299792458 s内行进的距离"。常见的长度单位有千米（km）、分米（dm）、厘米（cm）、毫米（mm）、微米（μm）、纳米（nm）、皮米（pm）、飞米（fm）。

（2）质量单位：千克（kg）。在国际单位制中，质量的单位是千克（kilogram，kg），这是保存在巴黎西南塞夫勒国际计量局标准千克原器的质量。该原器是一个用铂（含量为90%）铱（含量为10%）合金制成的圆柱体，其直径与高相等，以金属块的形式封存在玻璃罩中。

（3）时间单位：秒（s）。1 s是铯–133原子的基态二超精细能级之间跃迁辐射周期的9192631770倍的持续时间。该定义中提到的铯原子必须在绝对零度时是静止的，而且所在的环境是零磁场、海平面。

（4）电流强度单位：安培（A）。1 A是一恒定的电流强度，即当真空中相距1 m、圆截面极小的无限长平行直导线内通有1 A电流时，此两导线之间每米长度上所产生的力等于 2×10^{-7} N。1 A 被定义为 "1 s 内 $1/1.602176634 \times 10^{19}$ 个电子移动所产生的电流强度"。

（5）热力学温度单位：开尔文（K）。1 K 是水三相点热力学温度的 1/273.16。1 K 被定义为 "对应玻尔兹曼常数为 1.380649×10^{-23} J/K 的热力学温度"。

（6）物质的量单位：摩尔（mol）。1 mol 是这样一个系统的物质的量，该系统中所包含的基本单元数与 0.012 kg 碳-12 的原子数目相等。在使用摩尔时，基本单元应予指明，它可以是原子、分子、离子、电子及其他粒子，或者是这些粒子的特定组合。1 mol 是精确包含 $6.02214076 \times 10^{23}$（约为 6.02×10^{23}）个原子或分子等基本单元系统的物质的量。

（7）发光强度单位：坎德拉（cd）。1 cd 是一光源在给定方向上的发光强度，该光源发出频率为 5.4×10^{14} Hz 的单色辐射，且在此方向上的辐射强度为 1/683 W/sr。

SI 导出单位是按照一贯性原则，由 SI 基本单位与辅助单位通过选定的公式而导出的单位。总的来讲，导出单位大体上可分为以下三种：一是只用基本单位表示；二是由有专门名称的导出单位和基本单位组合而成；三是表 3.2 所列的具有专门名称和符号的 SI 导出单位。具有专门名称和符号的 SI 导出单位（包含 2 个原属辅助单位的）共有 22 个。

表 3.2　具有专门名称和符号的 SI 导出单位

量的名称	单位名称	单位符号	换算方法
［平面］角	弧度	rad	1 rad = 1 m/m = 1
立体角	球面度	sr	1 sr = 1 m²/m² = 1
频率	赫［兹］	Hz	1 Hz = 1 s⁻¹
力	牛［顿］	N	1 N = 1 kg·m/s²
压力、应力、压强	帕［斯卡］	Pa	1 Pa = 1 N/m²
能［量］、功、热量	焦［耳］	J	1 J = 1 N·m
功率，辐［射能］	瓦［特］	W	1 W = 1 J/s
电荷［电量］	库［仑］	C	1 C = 1 A·s
电压，电动势，电位（电势）	伏［特］	V	1 V = 1 W/A
电容	法［拉］	F	1 F = 1 C/V
电阻	欧［姆］	Ω	1 Ω = 1 V/A

表 3.2（续）

量的名称	单位名称	单位符号	换算方法
电导	西 [门子]	S	$1\ S = 1\ \Omega^{-1}$
磁通 [量]	韦 [伯]	Wb	$1\ Wb = 1\ V \cdot s$
磁通 [量] 密度，磁感应强度	特 [斯拉]	T	$1\ T = 1\ Wb/m^2$
电感	亨 [利]	H	$1\ H = 1\ Wb/A$
摄氏温度	摄氏度	℃	$1\ ℃ = 1\ K$
光通量	流 [明]	lm	$1\ lm = 1\ cd \cdot sr$
[光] 照度	勒 [克斯]	lx	$1\ lx = 1\ lm/m^2$
[放射性] 活度	贝可 [勒尔]	Bq	$1\ Bq = 1\ s^{-1}$
吸收剂量	戈 [瑞]	Gy	$1\ Gy = 1\ J/kg$
剂量当量	希 [沃特]	Sv	$1\ Sv = 1\ J/kg$
催化活性（度）	卡塔尔	kat	$1\ kat = 1\ mol/s$

　　国际单位制构成原则较为科学，更加简明，取消了大量的单位，省略了很多单位制及单位间的换算关系。国际单位制基本包含了所有领域所需的计量单位，使科技与生产、生活与商贸、文化领域等方面的计量单位统一在一个单位制中。国际单位制的普遍推广与使用，有效地消除了多种单位制或单位并存造成的混乱，避免了诸多不合理的现象，节省了大量的人力、物力，对于国民经济的发展、科学技术的进步及生产水平的提高均具有重要的意义。另外，随着使用国际单位制的国家或地区不断增多，国际贸易往来、学术交流变得愈加便利。当然，国际单位制并未完全取代原本的单位制或单位，出于旧俗习惯或其他原因，在个别领域中，一些非国际单位制的单位或导出单位仍在使用。

　　在日常实践过程中，不一定选用国际单位制中的 7 个基本单位作为基本单位，一般说来，基本单位是可以任意选择的。选择单位应遵循以下原则：使用方便，并尽可能符合近代物理的概念。在通常条件下，对三个量建立量度单位即可，究竟选取哪三个量，要视各个问题的具体条件而定。例如，在物理学研究中，以取长度、时间和质量的单位作为基本单位为宜；而在工程技术中，则以取长度、时间和力的单位为宜。也可以取速度、黏度和密度等量的单位作为基本量度单位。

　　现在普遍采用绝对量度单位制和工程量度单位制。在绝对量度单位制中，采用厘米、克、秒作为基本量度单位，简称 CGS 制；在工程量度单位制中，采用米、千克、秒作为基本量度单位，简称MKS制。

3.2 量纲表达式

量纲是一个量的表达式，表征各种物理量的性质和类别，是指物理量所属的种类，是物理量的质的表征。量纲分析法是用于寻求一定物理过程中，相关物理量之间规律性联系的一种非常有用的方法，它对于正确分析、科学表达物理过程是十分有益的。此外，还要注意一个概念，即导出量的量度单位对基本量的量度单位的依赖关系可以表示成公式的形式，这种公式称为量纲表达式。

量纲的意义在于定性地表示量与量之间的关系，尤其是基本量和导出量之间的关系。量纲是一个量的表达式，所有的量都具有一定的量纲；反过来，通过量纲可以得出任何一个量与基本量的关系，通过上述关系可以检验量的表达式是否正确。下面以一个实例介绍量纲推导过程的解题思路。

【例3.1】 在现行的国际单位制（SI）中，电流 I 的单位安培（A）是一个基本单位，一些专家认为，以电流 I 为基本量有许多不便之处，建议以电荷量 Q 为基本量，其单位库［仑］（C）为基本单位，则电流可按照公式 $I=Q/t$ 导出。

问题：

（1）根据国际单位制基本单位，给出力（F）、功（W）、电压（V）和电阻（R）的量纲。

（2）若上述专家意见得以实施，用电荷量取代电流成为基本量，其量纲符号为Q，重新确定电压和电阻的量纲。

（3）$L^2MT^{-3}I^{-1}$ 是什么量的量纲？

解：

（1）根据上述量纲的定义，基本量量纲的约定符号用单个大写正体罗马字母表示。在国际量制（ISQ）中，基本量的量纲符号分别用L，M，T，I，Θ，N，J表示。任意量 Q 的量纲表达通式为 $\dim Q = L^\alpha M^\beta T^\gamma I^\delta \Theta^\varepsilon N^\zeta J^\eta$。其中的指数称为量纲指数，可以是正数、负数或零。

由上述定义可知，长度的量纲为 $\dim l = L$，质量的量纲为 $\dim m = M$，时间的量纲为 $\dim t = T$。

所以，速度$\left(v=\dfrac{l}{t}\right)$的量纲为 $\dim v = \dfrac{\dim l}{\dim t} = \dfrac{L}{T} = LT^{-1}$，加速度$\left(a=\dfrac{v}{t}\right)$的量

纲为 $\dim a = \dfrac{\dim v}{\dim t} = \dfrac{\mathrm{LT^{-1}}}{\mathrm{T}} = \mathrm{LT^{-2}}$，力（$F = ma$）的量纲为 $\dim F = \dim m \cdot \dim a =$

$\mathrm{LMT^{-2}}$，功（$W = Fl$）的量纲为 $\dim W = \dim F \cdot \dim l = \mathrm{L^2MT^{-2}}$。

因为功率为 $P = IV$，$P = \dfrac{W}{t}$，功为 $W = Fl$，所以电压为 $V = \dfrac{W}{It}$，则电压（V）

的量纲为 $\dim V = \dfrac{\dim W}{\dim(It)} = \mathrm{L^2MT^{-3}I^{-1}}$。

因为功率为 $P = \dfrac{V^2}{R}$，$P = \dfrac{W}{t}$，所以电阻为 $R = \dfrac{V^2 t}{W}$，则电阻（R）的量纲

为 $\dim R = \dfrac{\dim(V^2 t)}{\dim W} = \dfrac{(\mathrm{L^2MT^{-3}I^{-1}})^2 \mathrm{T}}{\mathrm{L^2MT^{-2}}} = \mathrm{L^2MT^{-3}I^{-2}}$。

（2）若上述专家意见得以实施，用电荷量取代电流成为基本量，其量纲符

号为 Q，因为 $I = \dfrac{Q}{t}$，而 $\dim Q = \mathrm{Q}$，$\dim t = \mathrm{T}$，所以 $\dim I = \dfrac{\dim Q}{\dim t} = \mathrm{QT^{-1}}$。

将（1）计算结果中电压（V）和电阻（R）的量纲中的 I 用 $\mathrm{QT^{-1}}$ 代

替，得：电压（V）的量纲为 $\dim V = \mathrm{L^2MT^{-3}I^{-1}} = \mathrm{L^2MT^{-3}(QT^{-1})^{-1}} = \mathrm{L^2MT^{-2}Q^{-1}}$，电

阻（R）的量纲为 $\dim R = \mathrm{L^2MT^{-3}I^{-2}} = \mathrm{L^2MT^{-3}(QT^{-1})^{-2}} = \mathrm{L^2MT^{-1}Q^{-2}}$，即所求的电压

（V）的量纲为 $\mathrm{L^2MT^{-2}Q^{-1}}$，所求的电阻（$R$）的量纲为 $\mathrm{L^2MT^{-1}Q^{-2}}$。

（3）本问结论：$\mathrm{L^2MT^{-3}I^{-1}}$ 恰好是电压的量纲。

① 分析过程。将已知量纲表达式分解，得

$$\mathrm{L^2MT^{-3}I^{-1}} = \mathrm{L^2MT^{-2}T^{-1}I^{-1}}$$

其中，$\mathrm{L^2MT^{-2}}$ 恰好是功 W 的量纲；$\mathrm{L^2MT^{-2}T^{-1}} = \mathrm{L^2MT^{-2}/T}$ 恰好是功率 P 的量

纲；而 $\mathrm{L^2MT^{-2}T^{-1}I^{-1}} = \mathrm{L^2MT^{-2}T^{-1}/I}$ 恰好是电压 V 的量纲。

② 解答过程。因为功率为 $P = W/t$，所以功率 P 的量纲为 $\dim P = \dfrac{\dim W}{\dim t} =$

$\dfrac{\mathrm{L^2MT^{-2}}}{\mathrm{T}} = \mathrm{L^2MT^{-3}}$；又因为功率为 $P = IV$，所以 $V = \dfrac{P}{I}$，所以电压（V）的量纲为

$\dim V = \dfrac{\dim P}{\dim I} = \mathrm{L^2MT^{-3}I^{-1}}$，即 $\mathrm{L^2MT^{-3}I^{-1}}$ 恰好是电压的量纲。

③ 此类问题的解题思路如下。

第一，已知量纲的表达式，判断该量纲是什么量。此类题目解答起来比较

枯燥，解题的核心思想就是首先将已知的量纲表达式进行分解，分解成若干基

本量及常用导出量的量纲表达式，然后根据分解出来的已知量的量纲，最后分

析得出已知量纲的表达式所表示的量。因此，要想完成此类题目，一定要熟练

掌握基本量的定义及其相互关系，如功与基本量长度和力的关系、功率与电流

和电压的关系等。

第二，一定要熟悉基本量及常用导出量的量纲表达式，如例3.1中涉及的国际单位制中的7个基本量的量纲及力、速度、功及功率等量的量纲表达式是解题的基础，如果没有这些基本常识，解答这类问题就很难下手。

第三，在进行量纲表达式的分解过程中，要注意量纲的性质，如同类量具有相同的量纲。在例3.1中，虽然电学中的功率为 $P = IV$，机械学中的功率为 $P = \dfrac{W}{t}$，但是电学中的功率与机械学中的功率有相同的量纲，即 $\dim(IV) = \dim\left(\dfrac{W}{t}\right) = L^2MT^{-3}$，也就是说，电学中的功率与机械学中的功率的量纲都是 L^2MT^{-3}。在进行量纲表达式分解时，上述两个公式可等价使用、相互替换，这样拓宽了量纲表达式的分解思路，提高了分解速度。

第四，要认真仔细地开展量纲表达式的分解工作，如果分解时弄丢了一个参数或某量纲的指数搞错了，有时可能造成此题无解；有时虽然解出来了，但结果却是错误的。

导出量的度量单位与基本量的度量单位之间存在着一定的依赖关系，这种关系可以用公式的形式来表示，通常把这种公式称为量纲表达式，简称为导出量的量纲。导出量的量纲可看作导出量的简明定义，也是其物理本质的表征，所有物理量的量纲都可以根据自然规律所得到的各个物理量之间的关系，用几个独立的量纲来表示，并根据以下三条规则来确定导出量的量纲。

（1）如果一个物理量 C 等于物理量 A，B 的乘积，那么物理量 C 的量纲等于 A 与 B 这两个物理量量纲的乘积，即

$$\dim C = \dim(A \cdot B) = \dim A \cdot \dim B \tag{3.1}$$

（2）如果物理量 C 等于物理量 A 与 B 的商，那么物理量 C 的量纲等于 A 与 B 这两个物理量量纲的商，即

$$\dim C = \dim \frac{A}{B} = \frac{\dim A}{\dim B} \tag{3.2}$$

（3）如果物理量 C 等于物理量 A 的 n 次幂，那么物理量 C 的量纲等于 A 的量纲的 n 次幂，即

$$\dim C = \dim A^n = (\dim A)^n \tag{3.3}$$

式中，n 称为量纲指数，是无名数，其数值可为正数、负数、分数和零。

根据上述规则，我们来确定力的量纲表达式。取长度的量纲 L、质量的量

纲M和时间的量纲T作为基本量纲，根据牛顿第二定律可得

$$\dim F = \dim m \cdot \dim a = MLT^{-2} \tag{3.4}$$

式（3.4）即力的量纲表达式，或者称为力的量纲。

同理，根据速度的定义，可得其量纲表达式为LT^{-1}。

通常，物理量q的量纲用一个方括号来表示，即$[q]$。方括号的意思是"具有……的量纲"。量纲包括基本量纲与导出量纲，基本量纲（独立量纲）是不能用其他量纲导出的、互相独立的量纲；导出量纲（非独立量纲）是可由基本量纲导出的量纲。

对于不可压缩流体运动，通常选取长度、质量及时间的量纲作为基本量纲，分别表示为L，M，T，其他物理量的量纲均为导出量纲。此外，温度的量纲也是基本量纲，记为Θ。例如，速度、加速度、力及动力黏度的导出量纲可表示如下：$[v] = LT^{-1}$，$[a] = LT^{-2}$，$[F] = MLT^{-2}$，$[\mu] = ML^{-1}T^{-1}$。

综合以上各量纲表达式，可得任一物理量q的量纲$[q]$都可用3个基本量纲的指数乘积形式表示，即$[q] = L^aM^bT^c$。在上述方程中，根据指数a、b或（及）c是否为零，导出量纲可分为如下三种：

（1）当$a \neq 0$，但$b = 0$，$c = 0$时，为几何学量纲；

（2）当$a \neq 0$，$b \neq 0$，但$c = 0$时，为运动学量纲；

（3）当$a \neq 0$，$b \neq 0$，$c \neq 0$时，为动力学量纲。

总而言之，每个导出量的量纲都对应某个物理量的定义或物理定律。每个物理量都只能有一个特有的量纲。当然，这是对某种量纲系统而言的。如果量纲系统不同，同一个物理量也可以有不同的量纲。所谓量纲系统，就是根据实际情况，适当地选择几个物理量作为基本量，并把它们的量纲作为基本量纲，而其他物理量的量纲用基本量纲表示。

最后要强调的是，任何一个物理量的量纲并不是这个量所固有的、一成不变的特性，它取决于所选用的基本量（即单位制）和定义方程式。例如，在工程量度单位制（MKS制）中，取长度（l）、质量（m）和时间（t）作为基本量，则力的量纲为

$$\dim F = LMT^{-2} \tag{3.5}$$

而质量的量纲为

$$\dim m = L^0MT^0 \tag{3.6}$$

这时，质量的量纲可用牛顿第二定律作为定义方程式来求得。因 $F = ma$，故

$$\dim m = \frac{\dim F}{\dim a} = \frac{L^0FT^0}{LT^{-2}} = L^{-1}FT^{-2}$$

显然，当选择其他物理量为基本量时，质量的量纲会具有另外的形式。此外，即使基本量相同，但在确定某导出量的量纲时，如采用不同的定义方程式，则会得到不同的结果。以上面讲的力的量纲为例，在工程量度单位制中以牛顿第二定律作为定义方程式时，力的量纲为

$$\dim F = LMT^{-2} \tag{3.7}$$

如果在确定力的量纲时不是以牛顿第二定律作为定义方程式，而是选用万有引力定律的数学表达式，即以

$$F = K\frac{m_1 m_2}{r^2} \tag{3.8}$$

作为定义方程式，并取比例系数 $K = 1$，则式（3.8）可写为

$$F = \frac{m_1 m_2}{r^2} \tag{3.9}$$

根据该定义方程式所得到的力的量纲为

$$\dim F = \frac{\dim m_1 \dim m_2}{\dim r^2} = \frac{L^0MT^0MT^0}{(LM^0T^0)^2} = L^{-2}M^2 \tag{3.10}$$

以上力的量纲表达式不相同，是由于它们是从描述两种本质上不相同的力学现象的方程式中得来的。由于两种现象不同，因此，力与其基本量之间的关系也不同，从而获得的量纲也随之不同。一个导出量的量纲不但表征了被测量的种类，而且表示了它与基本量的关系。

综上所述，物理量的量纲指的是物理量所属的种类，它是一个相对的概念，而不是固定不变的。物理量的量纲不但取决于基本单位的选择，而且与确定该量的定义方程式有关。

关于量纲系统中的基本量及其数目，一般来说，是可以任意选定的，也就是说，基本量的个数可以是两个、三个、四个或五个，而且基本量可以是长度、质量、力、时间、温度、热量等任何物理量，这完全视所要解决的问题及是否方便求解而定。

3.3　量纲的意义

自然界中各种现象的特征都是由各种量的变化表示出来的。而测量这些量的大小，是将这些量与选作测量单位的同类量进行比较。

例如，对于某一长度，可以用测量单位"米"来量度，如果这一长度为1"米"的5倍，此长度为5［米］。如以"厘米"作为度量单位来量度，那么该长度就为1"厘米"的500倍，即500［厘米］。又如，时间选用"秒"作为单位来量度，也可以用"小时"作为单位来量度，而在同一个时间内，以"秒"来量度与以"小时"来量度其所获得的数值是不同的，以"秒"为单位时，其数值是以"小时"为单位所量度得到的数值的3600倍。

然而，对于一个长度来说，无论是用"米"还是用"厘米"来量度，这个量的种类总是长度，常以［L］来表示。对于一个时间来讲，无论是用"秒"还是用"小时"来量度，这个量的种类总是时间，常以［T］来表示。这些被测量的量的种类，称为这些量的"量纲"。

量纲是用来度量物理量的单位种类，即通过基本量度单位表示的导出量度单位的表达式称为量纲。可以说，物理量的量纲反映了该物理量的本质。量纲可用符号写成公式的形式。其中，长度单位的符号记作L，质量单位的符号记作M，时间单位的符号记作T（在工程单位制中，力的单位的符号记作K）。只有在确定的量度单位制中，才能谈论量纲。例如，面积的量纲是L^2，速度的量纲是LT^{-1}。在绝对单位制中，力的量纲是MLT^{-2}，而在工程单位制中则为K。

这里要特别指出的是，量纲与单位之间既有着密切的联系，又存在着一定的区别。量纲只反映物理量的性质，而单位除了指明物理量的性质外，还要涉及数值的大小。或者说，物理量的量纲与测量单位的大小无关，采用不同的测量单位，只会改变物理量的数值，但不会改变物理量的性质。总之，量纲比单位更具有普遍性，一个物理量的单位可以有很多种，但它的量纲（对某一种量纲系统而言）却只有一个。

3.4 量纲齐次法则

3.4.1 量纲齐次性与量纲齐次法则

当用数学公式表示一些物理量之间的关系时，公式等号两端必须有相同的量纲，称为量纲齐次性。量纲分析就是利用量纲齐次原则来建立物理量之间的数学模型。

所谓量纲齐次法则，即一个规律的数学表达式中，每一个加项的量纲必须是一致的，或者都是无量纲量。也就是说，由于物理量是有量纲的，因此，用数学公式来描述任何一个客观规律时，等式两边的量纲必须一致。

量纲齐次性法则与量纲一致性原则均属于量纲的和谐原理，量纲和谐原理是量纲分析的基本原理。该原理指出，描述事物之间关系的完整物理方程式无论是微分形式还是积分形式，其各项的量纲必须一致，即只有类型相同的物理量之间才能进行相加和相减。通常认为，量纲分析法有两种：第一种是适用于简单问题的瑞利（L.Rayleigh）法；第二种是带有普遍意义的方法，即π定理。这两种方法均是以量纲和谐原理为基础的。瑞利法是直接应用量纲和谐原理建立物理方程式，并利用量纲分析法获得各主要物理量之间的关系；而π定理是目前应用最普遍的量纲分析方法，是1915年由布金汉（E.Buckinghan）提出的，故又称为布金汉定理（在第4章中将会进行详细讨论）。量纲分析主要基于下述两个公理。

公理一：只有量具有相同性质时，量的绝对值才能相等。这个公理的含义是：只有两个量具有相同的量纲时，两个量之间才能建立起一般关系。例如，一个由力测量的量，只能与由力评价的量相等，而不能与具有长度、时间、质量、速度或其他不是力的量纲的量相等。

公理二：两个同类量的比值，若以相同单位测量，则该比值与用以测量的单位无关。例如，一张桌子的长度与宽度之比，无论用"尺""寸""米"哪些单位去量，都是一样的。这个公理是建立物理科学单位系统的基本原则，因为这是所有物理性度量的本质（只要这种度量本身不是以比值方式出现的，如温度、角度等，就是不以比值方式出现的度量值）。

3.4.2 量纲齐次法则的应用

实际现象中总是同时掺有许多物理量，它们之间通过理论与实验建立起一定的依存关系，构成某一客观规律的数学算式。显然，这种数量关系必须有具体内容，在列成算式时，要首先考虑运算的含义。物理中只有同类量或它们的同样组合才能进行加减。另外，在建立算式时，要采用统一单位制的观点，否则将无法按照名数（带有数量单位名称的数）的大小进行比较。当然，单位总可以通过换算进行统一，因而不构成任何限制。其次，所建立的反映客观实际规律的关系式，必须在单位尺度的主观任意变换下不受破坏，关系式的这一性质称为"完整性"。

体现数量关系的最一般形式是多项式。保证多项式的完整性有两种办法：一是要求出现在算式中的一切参量都是无量纲纯数；二是要求式中所有各项都具有完全相同的量纲，也就是每一项的每一个基本量纲都有相同的幂次，即所谓量纲的齐次性。算式中各项都是有关名数的幂次积，它们可以分为量数和量纲两部分。既然量纲齐次，等式两边的量纲因子就可以相消，只剩下纯粹由量数构成的关系方程，也就是无量纲化。总之，量纲齐次是构成完整性的充分必要条件。

下面为量纲齐次法则在物理模型中的具体应用形式。

（1）一般在物理模型中，首先有一些规定的物理量的量纲。

例如，动力学中的基本量纲L，M，T如下：

长度（l）的量纲记作 L=$[l]$；

质量（m）的量纲记作 M=$[m]$；

时间（t）的量纲记作 T=$[t]$。

导出量纲如下：

速度（v）的量纲记作 $[v]=LT^{-1}$；

加速度（a）的量纲记作 $[a]=LT^{-2}$；

力（F）的量纲记作 $[F]=LMT^{-2}\left(\text{其中}F=G\dfrac{m_1 m_2}{r^2}\right)$；

引力常数（G）的量纲记作 $[G]=[F][l]^2[m]^{-2}=LMT^{-2}L^2M^{-2}=L^3M^{-1}T^{-2}$；

对无量纲∂，有 $[\partial]=1(=L^0M^0T^0)$。

（2）对于一般的物理模型，如单摆运动，在列出摆动周期（t）的表达式之后，可以通过使用量纲其次法则，求出对应的表达式的指数。

下面通过例3.2来解析具体量纲齐次法则的使用过程。

【例3.2】 如图3.1所示的单摆运动，设物理量 t，m，l，g 之间的关系式为

$$t = \lambda m^{\alpha_1} l^{\alpha_2} g^{\alpha_3} \qquad (3.11)$$

式中，α_1，α_2，α_3——待定系数；

$\qquad\quad$ λ——无量纲量。

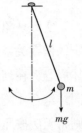

图3.1 单摆运动

问题：

求摆动周期（t）的表达式。

解：

图3.1的量纲表达式如下：

$$[t] = [m]^{\alpha_1}[l]^{\alpha_2}[g]^{\alpha_3} \Rightarrow T = M^{\alpha_1}L^{\alpha_2 + \alpha_3}T^{-2\alpha_3} \qquad (3.12)$$

$$\Rightarrow \begin{cases} \alpha_1 = 0 \\ \alpha_2 + \alpha_3 = 0 \\ -2\alpha_3 = 1 \end{cases} \Rightarrow \begin{cases} \alpha_1 = 0 \\ \alpha_2 = \dfrac{1}{2} \\ \alpha_3 = \dfrac{-1}{2} \end{cases} \Rightarrow t = \lambda\sqrt{\dfrac{l}{g}} \qquad (3.13)$$

故得出结论：$t = \lambda\sqrt{\dfrac{l}{g}}$。

还可用以下思想来求摆动周期的表达式：由单摆运动中 t，m，l，g 的一般表达式为 $f(t,m,l,g) = 0$，可知 $t^{y_1}m^{y_2}l^{y_3}g^{y_4} = \pi$，其中 $y_1 \sim y_4$ 为待定常数，π 为无量纲量。

$$\begin{cases} [t] = L^0M^0T^1 & (L^0M^0T^1)^{y_1}(L^0M^1T^0)^{y_2}(L^1M^0T^0)^{y_3} \\ [m] = L^0M^1T^0 & (L^1M^0T^{-2}) = L^0M^0T^0 \\ [l] = L^1M^0T^0 \\ [g] = L^1M^0T^{-2} & L^{y_3+y_4}M^{y_2}T^{y_1-2y_4} = L^0M^0T^0 \end{cases} \qquad (3.14)$$

$$\begin{cases} y_3 + y_4 = 0 & \text{基本解} \\ y_2 = 0 & \Rightarrow y = (y_1,\ y_2,\ y_3,\ y_4)^T = (2,\ 0,\ -1,\ 1)^T \\ y_1 - 2y_4 = 0 \end{cases} \qquad (3.15)$$

则 $t^2l^{-1}g = \pi$，$F(\pi) = 0$ $\left(t = \lambda\sqrt{\dfrac{l}{g}}\right)$，得出最终结论。

另外要注意，量纲齐次法则中涉及基本量与导出量的一些关系，具体如下：

（1）基本量的量纲不一定是基本量纲；

（2）基本量不能由系统中的其他量表示；

（3）导出量可以表示为基本量乘幂之积的形式，如

$$k = \frac{q^a H^b}{W^c} \tag{3.16}$$

$$q^a = kW^c H^{-b} \tag{3.17}$$

$$q = \sqrt[a]{kW^c H^{-b}} \quad （q的幂次降为1，写到等号左边） \tag{3.18}$$

式（3.16)至式(3.18）中，k——无量纲的常数，基本量；

q——想要求的量，即导出量；

W，H——基本量。

3.5 量纲和谐原理

由于物理现象一般较为复杂，涉及的因素有很多，有时无法列出描述物理现象的微分方程，或者求解这些方程在数学上有困难，因而不得不求助于其他分析途径或实验来解决。量纲分析在科学实践中是进行分析和实验的一种有效手段。一般来说，通过量纲分析可以合理而有目的地简化实验，并有助于整理实验结果。当然，要正确地应用这一方法，还必须根据已有的科学知识和理论，对物理现象具有一定的分析能力。

如前所述，在国际单位制中，取长度、质量、时间、热力学温度、电流、物质的量、发光强度这些物理量作为"基本量"来表述物理现象及其运动规律。而其他物理量的量纲是根据有关的物理定义或定律，借助上述基本量纲导出的，这些量纲就是相应于"导出量"的"导出量纲"。

量纲和谐原理是指凡是正确反映客观规律的物理方程，其各项的量纲都必须是一致的，因为只有相同量纲的量才能相加减，否则是没有意义的。例如，把力和电流相加显然无意义。但不同量纲的物理量可以通过相乘、相除，得出导出量纲表示的另一个物理量，如质量乘以速度可得出动量。一个方程中各项的量纲必须是一致的。例如，连续方程、能量方程和动量方程中各项的量纲都是一致的，也就是说，各方程式的量纲是和谐的，而且方程的形式不随着单位制的变化而变化。

说明自然规律的一切物理方程，不仅其等号两端的数值相同，而且其中各项的量纲也一定是一样的，这就是物理方程的量纲和谐性。一个物理方程，当其中各物理量的测量单位改变时，方程的形式不改变，或者说方程的文字结构不改变，这个方程被称为齐次方程。物理方程的量纲和谐性，是从它所包含的物理意义来考察的；而方程的齐次性，则是数学上的概念，但二者是一致的。

如果方程中各项量纲是和谐的，那么满足数学上齐次性的条件；如果方程具有数学的齐次性，那么物理上量纲是和谐的。量纲和谐性是量纲分析的基础。

验证量纲和谐原理的主要公式有伯努利方程、连续性方程和动量方程。

必须注意的是，一些经验公式在没有理论分析的情况下，根据部分实验资料或实测数据所归纳出来的公式，量纲往往是不和谐的。这说明人们对客观事物的认识还不够全面和充分，只能用不完全的经验关系式来表示局部的规律性。这些公式随着人们对流体本质的深刻认识，将逐步被修正或被正确完整的公式所替代。在运用这些公式时，必须用规定的单位，不得更换。

首先，基本量纲与其他基本量纲之间是相互独立的，即一个基本量纲不能由其他基本量纲导出。例如，不能由L，I中导出M，也不能由T，M中导出L；但L，M和密度的量纲 $[\rho]$ 三者是非相互独立的，因为$[\rho] = L^{-3}M$。其次，基本量纲并没有规定必须取几个。例如，在工程力学问题中，任一力学量的量纲一般取L，M，T为基本量纲，但也可以选用四个互不相关的基本量纲L，M，T及力的量纲 $[F]$，即将F作为独立的基本量纲，这时需将牛顿定律写成 $F = kma$，而系数 k 的量纲则为$[k] = FT^2M^{-1}L^{-1}$。一般来说，引入一个额外的物理系数，就可以增加一个相互独立的基本量纲。过去，工程上常采用L，T，F作为基本量纲；如今，在力学中已统一用L，M，T作为基本量纲。

由量纲和谐原理可以得出以下结论：

（1）凡正确反映客观规律的物理方程，都可表示成无量纲项组成的无量纲方程；

（2）量纲和谐原理规定了一个物理过程与有关的物理量之间的关系，因而可以利用它来建立表征物理过程的方程。

根据量纲和谐原理，有

$$[Q] = L^\alpha M^\beta T^\gamma I^\delta \Theta^\varepsilon J^\mu N^\varphi \tag{3.19}$$

这个乘幂之积的表达式为该物理量对选定的这组基本量的量纲积或量纲表达

式。式（3.19）中，α，β，γ，δ，ε，μ，φ 被称为量纲指数。

例如：［长度］= L、［质量］= M、［时间］= T、［体积］= L^3、［加速度］= LT^{-2}、［力］= MLT^{-2}。

在利用量纲和谐原理时，需要注意以下问题：

（1）导来量可以表示为各个基本物理量（独立量）若干幂次的乘积；

（2）方程式左边物理量等于其右边各个物理量若干幂次的乘积；

（3）两个相同量纲（因次）的量，在数值上的比值为一个常数。

量纲和谐原理在科研中有广泛应用。比如，一个物理方程在量纲上是和谐的，则方程的基本形式不因换用量度单位而改变。量纲和谐原理可用来检验所建立的方程或公式是否完整。例如，三维的波动方程为

$$\frac{\partial^2 S}{\partial x^2} + \frac{\partial^2 S}{\partial y^2} + \frac{\partial^2 S}{\partial z^2} = \frac{1}{u^2}\frac{\partial^2 S}{\partial t^2} \tag{3.20}$$

式中，S——位移；

$\qquad u$——波速。

式（3.20）中各量的量纲均为 T^{-1}，因而此式的量纲是和谐的。不论用什么单位制，该方程的形式均不变；如果用方程中任一项去除式中各项，那么可得到无量纲组成的方程式。

一个方程的代数方程或微分方程如果在量纲上不和谐，那么须检查方程是否完整、所用单位是否一致、在数学推导中是否有误。

正确的物理方程固然要求量纲和谐，但在工程技术中（如研究江河中泥沙运动的规律时），也有一些方程的量纲是不和谐的。这一般是指单纯借助实验观测资料所建立的经验公式，它们在应用上是有局限性的。不过，随着科学技术的不断发展，可以期待，它们终究要被符合量纲和谐原理且正确反映客观规律的公式所取代。

借量纲和谐原理建立物理方程，是量纲分析的方法之一，称为瑞利法则，它适用于较简单的问题。下面通过例3.3和例3.4来说明瑞利法的应用。

【例3.3】　在真空中质量分别为 m_1，m_2 的两个物体间的万有引力为 $F = G\dfrac{m_1 m_2}{r^2}$（$G$ 为引力常量，r 为两个物体间的距离）。其中 $m_1 \gg m_2$，则 m_2 在引力作用下将近似地以 m_1 为中心沿圆轨道运动。用瑞利法则求物体 m_2 沿轨道运行的周期 t。

解： 经分析，影响 m_2 运动速度的物理量可能有 m_1，m_2，r，G。但 m_2 的影响可忽略，因为 m_2 增大 1 倍，引力也增大 1 倍，这使物体 m_2 的法向加速度 $\left(\dfrac{V^2}{r}\right)$ 维持不变；G 虽然为常量，但不能从影响因素中去掉，因为 m_1 和 r 中都不含时间的量纲，所以周期 t 不可能只是 m_1 和 r 的函数。这表明，影响因素不一定都是变量。于是有如下函数关系：

$$t = f(m_1,\ r,\ G) \tag{3.21}$$

一般可将式（3.21）用指数的乘积形式来表示：

$$t = k m_1^{\alpha} r^{\beta} G^{\gamma} \tag{3.22}$$

式中，k——某一无量纲常数系数。

从万有引力公式得 $[G] = \mathrm{M^{-1}L^3T^{-2}}$，则式（3.22）的量纲关系式为 $[T] = \mathrm{M^{\alpha}L^{\beta}(M^{-1}L^3T^{-2})^{\gamma}}$，按照量纲和谐原理，得

$$\begin{cases} \mathrm{M}: & \alpha - \gamma = 0 \\ \mathrm{L}: & \beta + 3\gamma = 0 \\ \mathrm{T}: & -2\gamma = 1 \end{cases} \tag{3.23}$$

联解式（3.23），得

$$\alpha = -\frac{1}{2},\ \beta = \frac{3}{2},\ \gamma = -\frac{1}{2}$$

【例 3.4】 以溢流堰的流动（如图 3.2 所示）为例，试用瑞利法则（量纲分析法）分析溢流堰过流时的单宽流量（q）。已知 q 与堰顶水头（H）、水的密度（ρ）和重力加速度（g）有关。

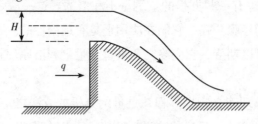

图 3.2　溢流堰的流动

解：

（1）分析影响因素，列出函数方程。

根据题意可知，溢流堰过流时单宽流量（q）与堰顶水头（H）、水的密度（ρ）和重力加速度（g）有关，用函数关系式表示为

$$q = f(H,\ \rho,\ g) \tag{3.24}$$

（2）乘积形式。

将 q 写成 H，ρ，g 的指数乘积形式，即 $q = kH^a\rho^bg^c$。

（3）写出量纲表达式。

$$\dim q = \dim\left(H^a\rho^bg^c\right) \tag{3.25}$$

（4）选 L，T，M 作为基本量纲，表示各物理量的量纲为

$$L^2T^{-1} = L^a(ML^{-3})^b(LT^{-2})^c \tag{3.26}$$

（5）利用量纲和谐性原理求各量纲指数。

$$\begin{cases} L: & 2 = a - 3b + c \\ T: & -1 = -2c \\ M: & 0 = b \end{cases} \tag{3.27}$$

解得：$a = \dfrac{3}{2}$，$b = 0$，$c = \dfrac{1}{2}$。

（6）代入指数乘积式，得出如下公式：

$$q = k\sqrt{g}\,H^{\frac{3}{2}}\rho^0 \Rightarrow k = \frac{q}{\sqrt{g}\,H^{\frac{3}{2}}} = \frac{q'}{\sqrt{g}\,H'^{\frac{3}{2}}} \quad（模型） \tag{3.28}$$

式中，q'，H' 均为模型中的量。这也是量纲分析法中至关重要的一步，通过该步骤求出模型中各物理的大小，以此为依据构建实验模型。此处用到的定理为相似第一定理。k 为无量纲系数（相似准数），由实验模型来确定，再根据工程中的实际水头确定流量大小。

3.6　使用量纲分析法的注意事项

选择量纲分析法来求取相似准则的各种物理现象，大多是因为当前还没有掌握足够的、成熟的物理定律，或是缺乏必要的、基本的微分方程的指导。这就决定了量纲分析法必须首先把重点放在物理量的正确选择上。但这种"正确性"仅仅是从相对意义上说的，它在很大程度上依赖于人们的实践经验或对事物的主观判断，这样，又常常使分析结果带有较为近似的性质。同时，在使用量纲分析法时，应该合理地选择基本量纲。例如，一般在力学中选取 L，M，T，在热学问题中加上温度量纲Θ，在电学问题中加上电量量纲Q，并且应根据特定的建模目的，恰当地构造基本解。

但一个普遍的看法是，面对头绪纷繁、影响交错的物理现象，分析结果的

近似性严格地说是绝对的，它本身代表着一种规律，这时问题全在于是否正确地抓住了对全局有决定意义的因素。如果在一些复杂现象上，一味地追求百分之百的准确模拟，那么其结果只能是使模型完全等同于原型，从而抛弃了模拟。

因此，近似模拟本身就是一门学问、一种艺术，它同量纲分析法的有效结合，将进一步地巩固量纲分析法在现象相似性分析中的地位。但量纲分析法毕竟存在着一些固有的弱点和不足，具体如下。

（1）有可能遗漏说明现象特性的重要物理量，或者选入一些次要的和与现象关系不大的物理量，甚至是错误的物理量。

（2）很难区别量纲相同，但却具有不同物理意义的物理量（如压力、应力、弹性模量、内聚力等的量纲均为 FL^{-2}，但意义却不同），从而无法显示现象的内部结构、寻找其中规律或者辨别其主次。

（3）很难控制量纲为零的物理量（如摩擦系数、车轮滑转率等）。尽管它们具有自身的物理意义，但置入与否并不影响其余无量纲综合数群——相似准则的形成，结果很容易将它们忽略。

（4）很难发现在关系方程中常会遇到的带有量纲的物理常数（如万有引力常数、热功当量、管渠均匀流公式的系数等），因而未把它们列为物理量之一。

（5）无法确定所求得的相似准则哪个是决定性的、哪个是从属的（如有些相似准则的数值相同，是其他相似准则数值相同的必然结果）。

（6）无法保证参数全部已知，方法有局限性。例如，在 π 定理中的等价方程 $F(\cdot)=0$，仍然包含着一些未定函数、参数或无量量纲。

（7）有些函数无法用量纲分析法求解，物理定律中的常见函数，如三角函数 $\sin(\cdot)$、指数函数 $\exp(\cdot)$ 等是无量纲的，不可能用量纲分析法得到。

（8）在某些模型中，有未定函数和部分常量无法得到，因此，模型实用价值有限。

对于量纲分析法存在的这些问题，在实际使用中必须注意，并妥善处理。还需要指出，量纲分析除了可以形成各种不同的无量纲参数以外，应用控制微分方程还可以解释所研究参数的物理意义。构成这些无量纲参数的各个有量纲变量的意义在不同情况下是有区别的。所用的长度、速度等有关参数都是每种流动过程中最重要或最有代表性的量，同样，对于不同的流动类型也可选用不同的速度。因此，在引入任何一个无量纲参数时，都应明确地规定其所用的参考长度和参考速度等有关的物理量，以避免引起混乱。

第4章 相似第二定理

以任何一种绝对单位制写出的关系方程，都可以转变成由关系方程中所包括的各种物理量组成的相似准则和简单数群之间的关系方程，即将有量纲方程直接转换成由无量纲相似准则组成的准则方程。因为对于相似现象，其对应点的相似准则彼此相等。这就是说，以相似准则为变量的关系方程，对于所有的相似现象在形式和数值上都是相同的。所以，它适用于整个相似现象群。

相似第二定理有多种表述方式。下面介绍米海耶夫和基尔皮乔夫两位学者的说法。

（1）米海耶夫的说法：相似第二定理确定了应用由微分方程所导出的相似准则的函数形式来表明积分结果的可能性。

（2）基尔皮乔夫的说法：对于相似现象群，在形式上相同的方程组可以转变为相似准则、简单数群及包含在单值性条件内的常数之间的关系方程组，且对于整个现象群，这种方程组在数值上也是相同的。

相似第二定理表明，任何微分方程的积分结果，都可以表示成从这些微分方程所导出的相似准则之间的函数关系。在此基础上，再利用实验方法，人们就可以确定适用于一定条件和一定范围的准则方程的具体形式。这种能避免数学上求解的困难，且确定微分方程积分解的方法，称为实验积分法。对于那些能列出微分方程，但在数学上无法积分的复杂现象，相似第二定理有着特别重要的意义。

本章将重点介绍相似第二定理（布金汉 π 定理）的定义及其运用。

4.1 相似第二定理（布金汉 π 定理）的定义

相似第二定理的定义如下：当一个现象由 n 个物理量的函数关系来表示，

而这些物理量共同含有 m 个基本因次（量纲）时，则可以获得 $n-m$ 个无因次群（无量纲综合数群）。这些现象的特征也可以用 $n-m$ 个无因次群（相似准数）的函数关系来表示。

相似第二定理是关于物理量之间函数关系结构的定理，还可表述为：一个包含 n 个物理量 G^1，G^2，$\cdots$，G^n（其中有 k 个具有独立量纲的物理量）的物理方程，可以转换为 $m=n-k$ 个由这些物理量组成的无量纲数群（指数幂乘积）n^1，n^2，$\cdots$，n^m 之间的函数关系，即 $f(G^i)=0$（$i=1$，2，$\cdots$，n）可以转换为 $\Phi(n^j)=0$（$j=1$，2，$\cdots$，m）。相似第二定理是用量纲分析法推导相似准数的依据。另外，因为彼此相似的现象的相似准数数值相同，所以它们的准数关系式也应相同。如果把某现象的模型实验结果整理成准数关系式，那么得到的准数关系式就可推广到其他与之相似的现象上去。因为准数关系式中各项都是无量纲 n 项，这样的关系式不随着使用的物理量单位的变化而变化。除此之外，准数关系式是由一个多元的物理量函数关系式转化而来的少元的只有无量纲 n 项的准数关系式，减少了研究时的实验次数，简化了试验过程。

相似第二定理还称作相似逆定理，其内容如下：凡是有同一特性的现象，当单值条件彼此相似，且由单值条件的物理量所组成的相似准则在数值上相等时，则这些现象必定相似。相似第二定理给出了现象相似的充分必要条件。设两个运动系统的相似准则数值相等，则两个运动系统可以用符号完全相同的方程来表示。如果两个运动系统的单值条件完全相同，那么得到的解是同一个，两个运动系统是完全相同的。如果两个运动系统的单值条件相似，那么得到的解是互为相似的，两个运动是相似运动。如果两个运动的单值条件既不相同又不相似，那么仅是服从同一自然规律的互不相似运动。

4.2 相似第二定理（布金汉 π 定理）的证明

相似第二定理的证明如下：

一个现象由 n 个物理量的函数关系表达，即

$$f(a_1, a_2, a_3, \cdots, a_m, b_{m+1}, b_{m+2}, \cdots, b_n)=0 \tag{4.1}$$

式（4.1）中含有 m 个基本因次，设这些基本因次分布在前 m 个基本量当中，后面的 $n-m$ 个量为导来量。

注意：基本量是不能由其他量（其他基本量或导出量）通过乘幂之积表示的量，所有的基本量共同包含了问题所涉及的全部基本量纲；导来量是指被基本量通过乘幂之积表示的量。

前 m 个基本量的量纲如下：

$$[a_1] = \mathrm{A}_1, \ [a_2] = \mathrm{A}_2, \ \cdots, \ [a_m] = \mathrm{A}_m \tag{4.2}$$

导来量可以由基本量表示成乘幂之积的形式：

$$b_{m+1} = \pi_1 a_1^{\alpha_1} a_2^{\alpha_2} \cdots a_m^{\alpha_m} \quad \text{或} \quad \pi_1 = \frac{b_{m+1}}{a_1^{\alpha_1} a_2^{\alpha_2} \cdots a_m^{\alpha_m}} \tag{4.3}$$

$$b_n = \pi_{n-m} a_1^{\delta_1} a_2^{\delta_2} \cdots a_m^{\delta_m} \quad \text{或} \quad \pi_{n-m} = \frac{b_n}{a_1^{\delta_1} a_2^{\delta_2} \cdots a_m^{\delta_m}} \tag{4.4}$$

式（4.3）和式（4.4）中，π_1，π_2，$\cdots$，π_{n-m} 为无量纲的常数。

如果将 a_1，a_2，a_3，$\cdots$，a_m 这 m 个基本量的单位分别缩小 c_1，c_2，c_3，$\cdots$，c_m 倍，那么各量代表的数值将放大 c_1，c_2，c_3，$\cdots$，c_m 倍。设放大后的数值分别为 a_1'，a_2'，a_3'，$\cdots$，a_m'，则 $a_1' = c_1 a_1$，$a_2' = c_2 a_2$，$\cdots$，$a_m' = c_m a_m$。

由于单位改变后，a_1 变为 a_1'，a_2 变为 a_2'，a_m 变为 a_m'，那么 b_{m+1}，b_{m+2}，$\cdots$，b_n 按照上边的关系式也将相应的发生变化，变化后数值变成 b_{m+1}'，b_{m+2}'，$\cdots$，b_n'。那么

$$\begin{aligned}
b_{m+1}' &= \pi_1 a_1'^{\alpha_1} a_2'^{\alpha_2} \cdots a_m'^{\alpha_m} = \pi_1 c_1^{\alpha_1} a_1^{\alpha_1} c_2^{\alpha_2} a_2^{\alpha_2} \cdots c_m^{\alpha_m} a_m^{\alpha_m} \\
&= c_1^{\alpha_1} c_2^{\alpha_2} c_m^{\alpha_m} b_{m+1}
\end{aligned} \tag{4.5}$$

$$\begin{aligned}
b_n' &= \pi_{n-m} a_1'^{\delta_1} a_2'^{\delta_2} \cdots a_m'^{\delta_m} = \pi_{n-m} c_1^{\delta_1} a_1^{\delta_1} c_2^{\delta_2} a_2^{\delta_2} \cdots c_m^{\delta_m} a_m^{\delta_m} \\
&= \pi_{n-m} c_1^{\delta_1} c_2^{\delta_2} \cdots c_m^{\delta_m} a_1^{\delta_1} a_2^{\delta_2} \cdots a_m^{\delta_m} = c_1^{\delta_1} c_2^{\delta_2} \cdots c_m^{\delta_m} b_n
\end{aligned} \tag{4.6}$$

由于定性方程式不会因为变量单位的变化而变化，故方程可以改写为

$$f\left(a_1', \ a_2', \ a_3', \ \cdots, \ a_m', \ b_{m+1}', \ b_{m+2}', \ \cdots, \ b_n' \right) = 0 \tag{4.7}$$

将式（4.5）和式（4.6）代入式（4.7），得

$$\begin{aligned}
f(c_1 a_1, \ c_2 a_2, \ \cdots, \ c_m a_m, \ c_1^{\alpha_1} c_2^{\alpha_2}, \ \cdots, \ c_m^{\alpha_m} b_{m+1}, \ c_1^{\beta_1} c_2^{\beta_2}, \ \cdots, \\
c_m^{\beta_m} b_{m+2}, \ \cdots, \ c_1^{\delta_1} \cdot c_2^{\delta_2}, \ \cdots, \ c_m^{\delta_m} b_n) = 0
\end{aligned} \tag{4.8}$$

令 $c_1 = \dfrac{1}{a_1}$，$c_2 = \dfrac{1}{a_2}$，$\cdots$，$c_m = \dfrac{1}{a_m}$，那么

$$f\left(1,\ 1,\ \cdots,\ m, \frac{b_{m+1}}{a_1^{\alpha_1} a_2^{\alpha_2} \cdots a_m^{\alpha_m}},\ \frac{b_{m+2}}{a_1^{\beta_1} a_2^{\beta_2} \cdots a_m^{\beta_m}},\ \cdots,\ \frac{b_n}{a_1^{\delta_1} a_2^{\delta_2} \cdots a_m^{\delta_m}}\right)=0 \quad (4.9)$$

式（4.9）中的1都是常数，而除了1之外的其余项都是变量，故可以得到式（4.10）：

$$f_1\left(\frac{b_{m+1}}{a_1^{\alpha_1} a_2^{\alpha_2} \cdots a_m^{\alpha_m}},\ \frac{b_{m+2}}{a_1^{\beta_1} a_2^{\beta_2} \cdots a_m^{\beta_m}},\ \cdots,\ \frac{b_n}{a_1^{\delta_1} a_2^{\delta_2} \cdots a_m^{\delta_m}}\right)=0 \quad (4.10)$$

进而得到结果

$$f(\pi_1, \pi_2, \cdots, \pi_{n-m})=0 \quad (4.11)$$

通过上述证明过程可知，相似第二定理（布金汉 π 定理）可表述为：假设一个物理系有 n 个物理量，其中有 m 个物理量的量纲是相互独立的，那么这 n 个物理量可表示成相似准数 π_1，π_2，$\cdots$，π_{n-m} 之间的函数关系。按此定理，即

$$f_1(\pi_1,\ \pi_2,\ \cdots,\ \pi_{n-m})=0 \quad (4.12)$$

把式（4.12）称为准则关系式或 π 关系式，把式中的相似准则称为 π 项。

4.3　相似第二定理（布金汉π定理）的运用步骤

相似第二定理的运用步骤如下。

（1）确定关系式。根据对所研究现象的认识，找准与所涉及的物理量相关的其他物理量的量纲，从这些物理量中找准并确定基本物理量，确定影响这个现象的各个物理量及其关系式。

$$f(x_1, x_2, \cdots, x_n)=0 \quad (4.13)$$

（2）确定基本物理量。从几个物理量中选取所包含的 m 个基本物理量作为基本量纲的代表（一般选取 $m=3$）。使基本量纲的行列式不等于零，即保障基本物理量相互独立。（选取的物理量一定要包含所有基本量纲。）

那么，如何合理地选择三个基本物理量呢？

①基本物理量与基本量纲相对应，即若基本量纲选三个（对于流动或流体力学，一般选 M，L，T 为基本量纲），那么基本物理量要含有这三个基本量纲，且不能互相表出。

②选择基本物理量时，应选择重要的物理量。换句话说，不要选择次要

的物理量作为基本物理量，否则，若次要的物理量在大多数项中出现，往往使问题复杂化，甚至要重新求解。

③ 为保证三个基本物理量相互独立，其量纲的指数行列式应满足不等于零的条件（线性无关）。一般是从几何学量（D 或 L）、运动学量（Q，v）、动力学量（ρ，m）中各选一个，即可满足要求。

（3）确定基本物理量依次与其余物理量组成的 π 表达式，即其他物理量可以表示成基本物理量的乘积形式。

$$\pi = x_1^{a_i} x_2^{b_i} x_3^{c_i} x_i \quad (i = 1,\ 2,\ \cdots,\ n - m) \tag{4.14}$$

（4）满足 π 为无量纲项，由量纲和谐性原理确定各 π 项基本物理量的指数 a，b，c。

（5）写出描述现象的关系式，即获得各 π 表达式。

$$f(\pi_1,\ \pi_2,\ \cdots,\ \pi_{n-m}) = 0 \tag{4.15}$$

4.4　相似第二定理（布金汉 π 定理）的例题

【例 4.1】　如图 4.1 所示，流体在水平圆管中做恒定运动，管道截面沿程不变，管径为 D。由于阻力的作用，压强将沿流程下降。通过观察，已知两个相距为 l 的断面间的压强差（Δp）与断面平均流速（v）、流体密度（ρ）、动力黏度（μ）及管壁表面的平均粗糙度（δ）等因素有关。假设管道很长，管道进、出口的影响不计。试用布金汉 π 定理求 Δp 的一般表达式。

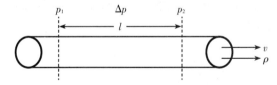

图 4.1　流体在水平圆管中的恒定运动

解：

（1）找出与物理量相关的其他物理量并列出函数关系式：

$$f(D,\ v,\ \rho,\ l,\ \mu,\ \delta,\ \Delta p) = 0 \tag{4.16}$$

（2）确定基本物理量。

在函数式中，$n = 7$，确认以下物理量的量纲分别为

$$\begin{cases} D: & L \\ v: & LT^{-1} \\ \rho: & MT^{-3} \\ l: & L \\ \mu: & ML^{-1}T^{-1} \\ \delta: & (mm, \ um), \ L \\ \Delta p: & ML^{-1}T^{-2} \end{cases}$$

从这些量纲中选取三个基本量纲——L，T，M 作为基本物理量，对应的基本物理量依次为几何学量 D、运动学量 v 和动力学量 ρ。

三个基本物理量的量纲如下：

$$\dim D = L^1 T^0 M^0 \tag{4.17}$$

$$\dim v = L^1 T^{-1} M^0 \tag{4.18}$$

$$\dim \rho = L^{-3} T^0 M^1 \tag{4.19}$$

确定基本量的量纲能相互表示，其量纲指数行列式为

$$\begin{vmatrix} 1 & 0 & 0 \\ 1 & -1 & 0 \\ -3 & 0 & 1 \end{vmatrix} = -1 \neq 0 \tag{4.20}$$

故说明基本物理量的量纲是相互独立的，可写出 $n - 3 = 7 - 3 = 4$ 个无量纲 π 项。

需要注意的是，一个向量组的秩与它所含的向量个数相同，行列式的值不等于零，矩阵的秩不小于 3。

（3）列出无量纲 π 值，也就是其他量可以由上述基本量相互表示出来，即表示成乘幂之积的形式。

$$l = \pi_1 D^{a_1} v^{b_1} \rho^{c_1} \Rightarrow \pi_1 = \frac{l}{D^{a_1} v^{b_1} \rho^{c_1}} \tag{4.21}$$

$$\mu = \pi_2 D^{a_2} v^{b_2} \rho^{c_2} \Rightarrow \pi_2 = \frac{\mu}{D^{a_2} v^{b_2} \rho^{c_2}} \tag{4.22}$$

$$\delta = \pi_3 D^{a_3} v^{b_3} \rho^{c_3} \Rightarrow \pi_3 = \frac{\delta}{D^{a_3} v^{b_3} \rho^{c_3}} \tag{4.23}$$

$$\Delta p = \pi_4 D^{a_4} v^{b_4} \rho^{c_4} \Rightarrow \pi_4 = \frac{\Delta p}{D^{a_4} v^{b_4} \rho^{c_4}} \tag{4.24}$$

式（4.21）至式（4.24）中，分子都是导来量，分母都是基本量纲。

（4）根据量纲和谐性原理，各π项中的指数分别确定如下（以 π_1 为例）。

由

$$L = L^{a_1}\left(LT^{-1}\right)^{b_1}\left(L^{-3}M\right)^{c_1}$$

$$\begin{cases} L： & 1 = a_1 + b_1 - 3c_1 \\ T： & 0 = -b_1 \\ M： & 0 = c_1 \end{cases} \tag{4.25}$$

得

$$a_1 = 1，\ b_1 = 0，\ c_1 = 0$$

所以

$$\pi_1 = \frac{l}{D} \tag{4.26}$$

同理可得

$$\pi_2 = \frac{\mu}{Dv\rho}，\ \pi_3 = \frac{\delta}{D}，\ \pi_4 = \frac{\Delta p}{v^2\rho} \tag{4.27}$$

（5）写出无量纲量方程，其中 π_2 项根据需要取其倒数，但不会改变其无量纲性质。所以

$$f\left(\frac{l}{D}, \frac{Dv\rho}{\mu}, \frac{\delta}{D}, \frac{\Delta p}{v^2\rho}\right) = 0 \tag{4.28}$$

注意：$f(y, x) = 0$，也可以写成 $y = f(x)$ 的形式。

4.5　综合例题

【例 4.2】　试用瑞利法和布金汉 π 定理推导圆柱绕流（如图 4.2 所示）的阻力 F_D 的表达式，并说明瑞利法和布金汉 π 定理各适用于何种情况。已知圆柱绕流阻力 F_D 与圆柱的直径（d）、流体的流速（v）、流体的密度（ρ）和流体的动力黏度（μ）有关。

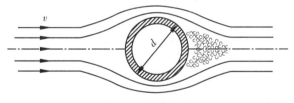

图 4.2　圆柱绕流

解：

（1）用量纲分析法求解。

①已知与阻力 F_D 有关的物理量为 d，v，ρ，μ，其量纲分别如下。

$$\begin{cases} d: \text{ L} \\ v: \text{ LT}^{-1} \\ \rho: \text{ ML}^{-3} \\ \mu: \text{ ML}^{-1}\text{T}^{-1} \end{cases}$$

则

$$F_D = f(D, v, \rho, \mu) \tag{4.29}$$

②将阻力写成 d，v，ρ，μ 的指数乘积形式，即

$$F_D = kD^a v^b \rho^c \mu^e \tag{4.30}$$

写出量纲表达式

$$\dim F_D = k \dim(D^a v^b \rho^c \mu^e) \tag{4.31}$$

选 L，T，M 作为基本量纲，表示各物理量的量纲为

$$\text{LMT}^{-2} = \text{L}^{a+b-3c-e}\text{M}^{c+e}\text{T}^{-b-e} \tag{4.32}$$

③由量纲和谐性原理，求各量纲的指数。

$$\begin{cases} \text{L}: \ 1 = a + b - 3c - e \\ \text{M}: \ 1 = c + e \\ \text{T}: \ -2 = -b - e \end{cases} \tag{4.33}$$

因为式（4.33）中有四个未知数，所以不能全部解出。需要保留其中的 e，待实验时确定，并用它表示其余的指数，则

$$a = 2 - e, \ b = 2 - e, \ c = 1 - e$$

④带入指数乘积式，得

$$F_D = kD^{2-e} v^{2-e} \rho^{1-e} \mu^e$$

$$= k\rho D^2 v^2 \left(\frac{\mu}{\rho v}\right)^e = k\rho D^2 v^2 \left(\frac{\gamma}{Dv}\right)^e$$

$$= k\rho D^2 v^2 RRe^{-e} = kRe^{-e} \rho D^2 v^2 \tag{4.34}$$

式中，$\gamma = \dfrac{\mu}{\rho}$，$Re = \dfrac{Dv}{\gamma}$。

由于 k，Re^{-e} 均为不变量，则令 $kRe^{-e} = k'$。由 $F_D = k'\rho D^2 v^2$ 得

$$k' = \frac{F_D}{\rho D^2 v^2} = \pi_1$$

$$Re = \frac{Dv}{\gamma} = \pi_2$$

注意：确定待定系数的实验方法。

$$F_D = k\rho D^2 v^2 Re^{-e}$$

$$\frac{F_D}{\rho D^2 v^2} = kRe^{-e}$$

$$\ln\frac{F_D}{\rho D^2 v^2} = \ln k - e\ln Re$$

可以用 $y = kx + b$ 方法求解方程式。

（2）用π定理求解。

① 根据题意，本题共有五个物理量，即 $n = 5$，这些物理量之间存在下述关系式。

$$\begin{cases} F_D = MLT^{-2} \\ D：L \\ v：LT^{-1} \\ \rho：ML^{-3} \\ \mu：ML^{-1}T^{-1} \end{cases}$$

则

$$f(F_D,\ D,\ v,\ \rho,\ \mu) = 0$$

② 选取三个基本物理量纲 M，L，T，再选取三个基本物理量，依次为几何学量 D、运动学量 v 和动力学量 ρ，确定其相互独立，三个基本物理量的量纲如下：

$$\dim D = L^1T^0M^0,\ \dim v = L^1T^{-1}M^0,\ \dim\rho = L^{-3}T^0M^1$$

其量纲指数行列式为

$$\begin{vmatrix} 1 & 0 & 0 \\ 1 & -1 & 0 \\ -3 & 0 & 1 \end{vmatrix} = -1 \neq 0$$

故说明基本物理量的量纲是相互独立的，可写出 $n - 3 = 5 - 3 = 2$ 个无量纲π项。

③ 列出无量纲π值。

$$F_{\mathrm{D}} = \pi_1 D^{a_1} v^{b_1} \rho^{c_1} \Rightarrow \pi_1 = \frac{F_{\mathrm{D}}}{D^{a_1} v^{b_1} \rho^{c_1}}$$

$$\mu = \pi_2 D^{a_2} v^{b_2} \rho^{c_2} \Rightarrow \pi_2 = \frac{\mu}{D^{a_2} v^{b_2} \rho^{c_2}}$$

④ 根据量纲和谐性原理，各π项中的指数通过以下过程确定。

对于 π_1，其量纲式为

$$LT^{-2}M = L^{a_1}(LT^{-1})^{b_1}(L^{-3}M)^{c_1}$$

$$\begin{cases} L: & 1 = a_1 + b_1 - 3c_1 \\ T: & -2 = -b_1 \\ M: & 1 = c_1 \end{cases}$$

解得

$$a_1 = 2, \quad b_1 = 2, \quad c_1 = 1$$

$$\pi_1 = \frac{F_{\mathrm{D}}}{D^2 v^2 \rho}$$

对于 π_2，其量纲式为

$$L^{-1}T^{-1}M = L^{a_2}(LT^{-1})^{b_2}(L^{-3}M)^{c_2}$$

$$\begin{cases} L: & -1 = a_2 + b_2 - 3c_2 \\ T: & -1 = -b_2 \\ M: & 1 = c_2 \end{cases}$$

解得

$$a_1 = 1, \quad b_2 = 1, \quad c_2 = 1$$

$$\pi_2 = \frac{\mu}{D v \rho} = \frac{\gamma}{D v} = Re^{-1}$$

⑤ 写出准数式。

$$\pi_1 = \frac{F_{\mathrm{D}}}{D^2 v^2 \rho}, \quad \pi_2 = Re^{-1}$$

⑥ 上述方法也可以表示成无量纲准数的形式。

$$f\left(\frac{F_{\mathrm{D}}}{D^2 v^2 \rho}, \frac{1}{Re}\right) = 0 \quad 或 \quad f\left(\frac{F_{\mathrm{D}}}{D^2 v^2 \rho}, Re\right) = 0$$

由以上解题步骤可以看出：

（1）用两种不同的量纲分析法得到的结果完全相同；

（2）一般情况下，瑞利法适用于比较简单的问题，所谓简单，就是相关变

量未知数 $n \leqslant 5$ 个，而布金汉 π 定理是具有普遍性的方法。

人们已经知道了准数的获得方法，那么，准数有什么用途呢？

（1）相似第一定理表明，如果现象相似，那么这些准数值对应点对应的时刻值相同，这意味着安全模型中得到的结果可以应用到工业现象中，前面求工业复杂几何体的体积时已说明此定理。

（2）相似第三定理表明，如果两个现象可用相同的微分方程表示，单值条件相似且由单值条件组成的相似准数的数值相同，那么这两个现象即相似。在本书第 5 章中将详细论述相似准数的重要性。

4.6 总 结

相似第二定理说明从微分方程组导出的相似准则和简单数群，在形式和数目上与被积分后的方程所导出的一样。这个结论对指导各种实验研究有很大的实用价值。它告诉人们可以直接从微分方程组中获得指导实验所需要的相似准则。

相似第一定理和相似第二定理说明了相似现象的性质。根据相似第一定理，可以知道是哪些物理量决定相似现象群的特征，因而在实验中应当测定这些物理量。相似准则是由描述现象规律的关系方程导出的，所以实验中应该测量所有包含在相似准则中的那些物理量。

相似第二定理告诉人们，应该以准则方程的形式来处理实验结果，以便将实验结果推广应用到所有相似现象中去。相似第二定理是十分重要的。但是，在它的指导下，模型实验结果能否正确推广，关键在于能否正确地选择与现象有关的物理量。对于一些复杂的物理现象，由于缺少物理方程的指导，就更是如此。

第 5 章　相似第三定理

相似第一定理和相似第二定理只解决了现象相似的必要条件。现象相似的充分条件是相似第三定理所要解决的问题。

确定两个现象相似，需要将两个现象中所有的物理量进行直接比较，这似乎是一件很简单的事情。然而，这意味着要对第二个现象重复第一个现象已经进行过的那些实验。否则，将第一个现象的实验结果直接应用到第二个现象中去，将缺乏理论上的根据。为了确定两个现象是否相似，应该知道在第二个现象中最少需要测量哪些物理量。换句话说，应该找到确定现象相似的充分必要条件。

相似第一定理与相似第二定理是从现象已经相似的事实出发来证明相似现象所具有的特性。与此相反，相似第三定理则要确定两个现象相似的依据。因此，相似第三定理回答了实验研究中的第三个问题，即应当如何制造实验模型，并对模型进行试验，从而使实验结果能可靠地推广到工程实际中去。

与相似第一、二定理一样，相似第三定理的出发点也是现象（或过程）在几何相似的系统内进行，已知描述现象特征的微分方程。如果描述两个现象特征的微分方程不同，那么确定这些现象特征的物理量将按照不同的规律变化。这时，即使它们在过程开始时相似，但随着过程进行，相似现象也会被破坏。因此，能用相同的物理方程来描述是现象相似的第一个必要条件。

然而，前已述及，微分方程并没有涉及某一过程的具体特点。从数学角度来看，根据微分方程，至多只能得到通解，而只有在依靠单值性条件确定了其中的积分常数后，才能得到某一具体问题的特解。从物理意义方面来看，加上定解条件，就意味着从千千万万个一般现象中分离出某一确定的现象。

单值性条件确定了现象的几何特征、物理参数的数值、边界条件和初始条件。通过它可以将个别现象从同类现象中区别出来，从而将现象群的通解转变为特解。所以，单值性条件的相似是现象相似的第二个必要条件。因为由相同的数理方程决定的各个物理量的变化规律，如果在开始时各个物理量之间就不存在相似，那么整个过程就无法相似。

但是，要确定现象是否相似，仅有以上两个条件还不充分。

相似第一定理告诉人们，在相似现象中，相似常数是不能任意选择的，其条件是要使相似指标等于1。描述现象特征的各种物理量实质上都包含在单值性条件中，因此，从微分方程导出的一些相似指标中，仅由单值量（单值性条件中所包含的物理量）的相似常数所组成的相似指标也必然等于1，即由单值量所组成的相似准则（已定准则）必定相等，而现象相似是单值性条件相似的直接结果。将这个条件补充到上面两个条件中，就构成了现象相似的充分条件。

总的来说，现象相似的充分必要条件有以下3点。

（1）相似的现象一定是同类物理现象，且描述这些现象的数理方程是相同的（即同一个数理方程）。方程采用同一种测量单位制和同样的坐标系。

（2）单值量相似，即单值量的个数和名称相同，只是不同的现象具有不同的数值。

（3）由单值性条件组成的相似准则相等（或由单值量的相似常数所组成的相似指标等于1）。

从这里可以看出，相似第三定理的必要性包含在相似第一、二定理之中。

相似第三定理是1930年由苏联科学家基尔皮乔夫和古赫曼提出的。相似第三定理可表述如下：对于同一类物理现象，如果单值量相似，而且由单值量所组成的相似准则在数值上相等，那么现象相似。

所谓单值量，是指单值条件中的物理量，而单值条件又是将每个现象从同类现象中区分开来，也就是将现象的通解转变为特解的具体条件。单值条件包括几何条件（或空间条件）、介质条件（或物理条件）、边界条件和初始条件（或时间条件）。可以说，现象的各种物理量，实质都是从单值条件引出的。

自然界中只存在相似准则相等的相似现象，因此，单值量相似可以理解为单值量之比为常数。基于这样的推广说明，相似第三定理又有如下说法：现象的单值量相似，则现象相似。

单值量相似代表由单值量组成的相似准则相等。然而，只有当描述过程的微分方程相同时，才能得到同样的相似准则。因此，有人去掉单值量相似和现象的微分方程相同的条件，而把相似第三定理简单地表述如下：相似准则的数值相等，则现象相似。这里，把相似准则的值相等作为现象相似的充分条件。由此，相似第三定理成为相似第一定理的逆定理。

5.1 相似准数的重要性

本书第 2 章中曾提到过相似准数这一概念，本节将详细说明相似准数的重要性。

相似准数的重要性取决于相似准数的确定。相似准数的确定通常有两种方法：一种是利用已有的数学方程来推导相似准则的方程分析法；另一种是对过程包含的所有变量进行量纲和谐的量纲分析法。这两种方法在第 2 章中都已经进行了详细的说明，故本节仅做简单介绍。

对于某一现象，若已经存在明确的数学模型，则一般采用方程分析法来推导相似准则。方程分析法包括相似转化和积分类比两种方法。其中，积分类比推导过程简单，且推导出的相似准则通常有较为明确的物理意义，因此被广为采用。积分类比法的步骤如下：首先写出某类现象或过程的全部控制方程及单值条件；然后用方程式中的任一项除以其他各项，对于同类型的情况，只需取其中一项；最后用积分类比来代替每两项的比值。在处理过程中，对沿各轴向的分量，用量本身代替，坐标用定性尺寸代替。

方程分析法的优点在于导出的相似准数的物理意义明确，无量纲方程既适用于模型也适用于原型；缺点在于不能用于未知物理方程的流动、运动之中。

量纲分析法就是将现象所涉及的全部物理量，通过因次和谐的方法整理成一个完整的无因次群，也就是相似准则数群，而数群的个数则由布金汉定理给出。量纲分析法的步骤如下：首先列出现象所涉及的全部物理量及其因次，并确定基本量纲及其参数群；然后将自乘未知整数幂次的基本参数群同其他各变量相乘，相乘后的量为无因次量，用该方法即可推导相似准则。即各物理量因次的幂的和为零。

量纲分析法的优点在于适用于未知物理方程的流动、运动等；缺点是准确选取物理量较难，物理意义不明确。

在介绍完相似准数的确定方法之后，接下来说明相似准数的重要性。相似准数的重要性体现在以下 4 个方面。

（1）相似准数数值相等，是实验模型与工程原型相似的内在规律性的表征。

（2）相似准数既可以用于指导实验设计，又可以根据实验结果用于工业原型。

（3）相似准数是无量纲的综合数群，其包含的所有参量是实验研究中需重点测量和观察的，相似准数在实验中获得，才能用于求得工程原型中的量。

（4）相似准则的如下性质也体现了相似准数的重要性。

① 任何相似准则都是无量纲量，相似准则的数值与测量单位无关。

② 由微分方程直接导出的相似准则通常具有明确的物理意义。

③ 组成相似准则的各个物理量均随着空间位置变化，所以相似准则的数值一般会随着空间位置变化。但是，在相似系统对应点上，相似准则的数值始终相同。

④ 对于非稳态过程，不仅在不同点上相似准则具有不同的数值，而且在同一点上的不同瞬间，其相似准则的数值也不相等。但是，当从一个现象转变到与它相似的另一个现象时，在对应点和对应瞬间，相似准则的数值相等。

5.2 常用相似准数

表5.1列出了常用的相似准数，并给出一些相似准数的推导过程。

表 5.1 常用的相似准数

相似准则	力的比例尺	相似准数
牛顿相似准则	$\lambda_F = \lambda_\rho \lambda_l^2 \lambda_v^2$	牛顿数： $Ne = \dfrac{F}{\rho l^2 v^2}$
弗劳德（重力相似）准则	$\lambda_G = \lambda_\rho \lambda_g \lambda_l^3$	弗劳德数： $Fr = \dfrac{v^2}{gl}$
欧拉（压力相似）准则	$\lambda_P = \lambda_\rho \lambda_l^2$	欧拉数： $Eu = \dfrac{\Delta p}{\rho v^2}$
雷诺（黏性力相似）准则	$\lambda_n = \lambda_\rho \lambda_\nu \lambda_l \lambda_v$	雷诺数： $Re = \dfrac{vl}{\nu}$
柯西（弹性力相似）准则	$\lambda_E = \lambda_K \lambda_l^2$	柯西数： $Ca = \dfrac{\rho v^2}{K}$
表张力相似准则	$\lambda_T = \lambda_\sigma \lambda_l$	韦伯数： $We = \dfrac{\rho l v^2}{\sigma}$
谐时准则	$\lambda_S = \lambda_\rho \lambda_l^2 \dfrac{\lambda_v}{\lambda_t}$	斯特劳哈尔数： $Sr = \dfrac{lf}{v}$

5.2.1 牛顿数

牛顿数（Ne）是作用力与惯性力的比值，牛顿数相等表示原型与模型流动中作用力合力与惯性力比值相等。模型与原型的流场动力相似，它们的牛顿数必定相等，反之亦然，这便是由牛顿第二定律引出的牛顿相似准则。流场中有各种性质的力，诸如重力、黏性力、总压力、弹性力、表面张力等。不论何种性质的力，要保证两种流场的动力相似，都要服从牛顿相似准则。牛顿相似准则是判断两个系统流动相似的一般准则。

$$Ne = \frac{Ft}{mw} = \frac{Ft}{mv} = \frac{F}{m\frac{v}{t}} = \frac{F}{\rho l^3 \frac{v}{t}} = \frac{F}{\rho l^2 \frac{l}{t} v} = \frac{F}{\rho l^2 v^2} \quad （w用v表示） \tag{5.1}$$

5.2.2 弗劳德数

弗劳德数（Fr）是惯性力与重力的比值。两个流动的重力作用相似，它们的弗劳德数必定相等，反之亦然。这便是重力相似准则，又称弗劳德准则。

当力 f 为重力 mg 时，则

$$Ne = Fr = \frac{mg}{\rho l^2 v^2} = \frac{\rho l^3 g}{\rho l^2 v^2} = \frac{v^2}{gl} \tag{5.2}$$

5.2.3 欧拉数

欧拉数（Eu）是总压力与惯性力的比值。在压力作用下的相似流动，其压力场必须相似，两个流动的压力作用相似，它们的欧拉数必定相等，反之亦然。这便是压力相似准则，又称欧拉准则。欧拉数中的压强 p 也可以用压差 Δp 来代替。

当力 f 为压力差 pS（S 为面积）对应的压力时，则

$$Ne = Eu = \frac{pS}{\rho l^2 v^2} = \frac{pl^2}{\rho l^2 v^2} = \frac{p}{\rho v^2} \tag{5.3}$$

5.2.4 雷诺数

雷诺数（Re）是惯性力与黏性力的比值，在黏性力作用下的相似流动，其黏性力分布必须相似。两个流动的黏性力作用相似，它们的雷诺数必定相等，反之亦然。这便是黏性力相似准则，又称雷诺准则。

当 F 表示黏性力时，$Ne = \dfrac{1}{Re}$，那么什么是黏性力呢？下面以图 5.1 为例进行说明。

已知

$$F = A\frac{v_x}{y} \Rightarrow \frac{F}{A} = \frac{v_x}{y} \tag{5.4}$$

改变形式，得

$$\frac{F}{A} = \mu\frac{\mathrm{d}v_x}{\mathrm{d}y} \tag{5.5}$$

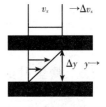

图 5.1　黏性力说明图

设单位面积的黏性力为 τ_{yx}，则

$$\tau_{yx} = \frac{F}{A} = \mu\frac{\mathrm{d}v_x}{\mathrm{d}y} = \frac{\mu}{\rho}\frac{\mathrm{d}\rho v_x}{\mathrm{d}y} = \nu\frac{\mathrm{d}\rho v_x}{\mathrm{d}y} \tag{5.6}$$

式中，v ——流速；

　　　ν ——动量扩散系数。

将 F 代入牛顿数公式，得

$$Ne = \frac{F}{\rho l^2 v^2} = \frac{A\mu\dfrac{\mathrm{d}v_x}{\mathrm{d}y}}{\rho l^2 v^2} = \frac{l^2 \mu \dfrac{v}{l}}{\rho l^2 v^2} = \frac{l\mu v}{\rho l^2 v^2} = \frac{\mu}{\rho l v} \tag{5.7}$$

根据

$$\nu = \frac{\mu}{\rho} \tag{5.8}$$

式中，μ ——动力黏度，$\mathrm{Pa \cdot s}$，$1\ \mathrm{Pa \cdot s} = 1\ \mathrm{N \cdot s/m^2}$；

　　　ρ ——密度，$\mathrm{kg/m^3}$；

　　　ν ——动量扩散系数，$\mathrm{m^2/s}$。

$$Ne = \frac{\mu}{\rho l v} = \frac{\nu}{l v} \quad \text{或} \quad \frac{l v}{\nu} \tag{5.9}$$

5.2.5　马赫数

马赫数（Ma）是物体速度与音速的比值，也是惯性力与弹性力的比值，即对于气体，将柯西准则转换为马赫准则。两个流动的弹性力作用相似，它们的马赫数必定相等，反之亦然。这仍是弹性力相似准则，又称马赫准则。

$$Ma = \frac{v}{a} \tag{5.10}$$

式中，v ——流体的流动速度；

a ——声音在该流体中的传播速度，$a = \sqrt{R\dfrac{P}{\rho}}$（$R$为无量纲系数）。

$$Eu = \frac{p}{\rho v^2} = \frac{a^2}{v^2} \text{（去除无量纲系数} k） = \frac{1}{Ma^2} \qquad (5.11)$$

$$Ma = \sqrt{Eu} \qquad (5.12)$$

5.2.6 傅里叶数

傅里叶数（Fo）表征非稳态过程进行深度的无量纲时间。在非稳态导热过程中，傅里叶数越大，热扰动就越深入地传播到物体内部，因而物体内部各点的温度就越接近周围流体的温度。

（1）傅里叶第一定律。

$$q_y = -\lambda \frac{\partial T}{\partial y} \qquad (5.13)$$

式中，λ ——导热系数，W/(m·k)；

q ——热流密度，W/m^2，表示单位面积上的传热速率。

（2）傅里叶第二定律（以图 5.2 为例）。

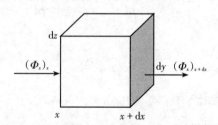

图 5.2 傅里叶第二定律示意图

$$\left(\boldsymbol{\Phi}_x\right)_{x+\mathrm{d}x} = \left(\boldsymbol{\Phi}_x\right)_x + \frac{\partial \boldsymbol{\Phi}_x}{\partial x}\mathrm{d}x \qquad (5.14)$$

式中，$\boldsymbol{\Phi}_x$ ——热流密度，W/m^3。

x 方向在 dy，dz 面上输入热流：

$$\left(\boldsymbol{\Phi}_x\right)_x = -\lambda\left(\frac{\partial T}{\partial x}\right)_x \mathrm{d}y\mathrm{d}z \qquad (5.15)$$

x 方向在 dy，dz 面上输出热流：

$$\left(\boldsymbol{\Phi}_x\right)_{x+\mathrm{d}x} = \left(\boldsymbol{\Phi}_x\right)_x + \frac{\partial\left(-\lambda\left(\dfrac{\partial T}{\partial x}\right)_x \mathrm{d}y\mathrm{d}z\right)}{\partial x}\mathrm{d}x \qquad (5.16)$$

根据能量守恒定律，可得

$$\text{导入总热流} = \text{导出总热流} + \text{微元体内能的增量} \tag{5.17}$$

$$\text{微元体内能的增量} = \rho c \frac{\partial T}{\partial t} \mathrm{d}x\mathrm{d}y\mathrm{d}z \tag{5.18}$$

$$\left(\varPhi_x\right)_x - \left(\varPhi_x\right)_{x+\mathrm{d}x} = +\lambda\left(\frac{\partial^2 T}{\partial x^2}\right)\mathrm{d}x\mathrm{d}y\mathrm{d}z = \rho c \frac{\partial T}{\partial t}\mathrm{d}x\mathrm{d}y\mathrm{d}z \tag{5.19}$$

即

$$\rho c \frac{\partial T}{\partial t} = \lambda\left(\frac{\partial^2 T}{\partial x^2}\right)$$

根据傅里叶第二定律，利用积分类比法，可得

$$Fo = \frac{\lambda\left(\dfrac{\partial^2 T}{\partial x^2}\right)}{\rho c \dfrac{\partial T}{\partial t}} = \frac{\lambda}{\rho c}\frac{\dfrac{\partial^2 T}{\partial x^2}}{\dfrac{\partial T}{\partial t}} = \frac{\lambda}{\rho c}\frac{\tau}{l^2} \tag{5.20}$$

令 $\alpha = \dfrac{\lambda}{\rho c}$，即热扩率或热扩散系数，则 $Fo = \dfrac{\alpha\tau}{l^2}$，表示物体被加热或冷却时，温度变化的快慢。

5.2.7　毕渥数

毕渥数（B_i）是固体内部单位导热面积上的导热热阻与单位面积上的换热热阻（外部热阻）之比。B_i 的大小反映了物体在非稳态导热条件下，其内温度场的分布规律。

牛顿冷却公式如下：

$$q_{对流} = h\Delta T \tag{5.21}$$

$$q_{传导} = \lambda\left(\frac{\partial T}{\partial y}\right) \tag{5.22}$$

式中，$\dfrac{\partial T}{\partial y}$——固体内部导热；

　　　λ——固体热导数。

$$B_i = \frac{q_{对流}}{q_{传导}} = \frac{h\Delta T}{\lambda\left(\dfrac{\partial T}{\partial y}\right)} = \frac{hl}{\lambda} \tag{5.23}$$

B_i 表示流体与固体表面的对流、热流与固体内部和固体表面之间导热热流的比值，用于衡量物体内部温度均匀的程度，与 Fo（Fo 表示温度变化的快慢）不同。

5.2.8 努塞尔数

努塞尔数（Nu）是指流体层流底层的导热阻力与对流传热阻力的比值，是反映对流换热强烈程度的一个特征数。努塞尔准则示意图如图 5.3 所示。

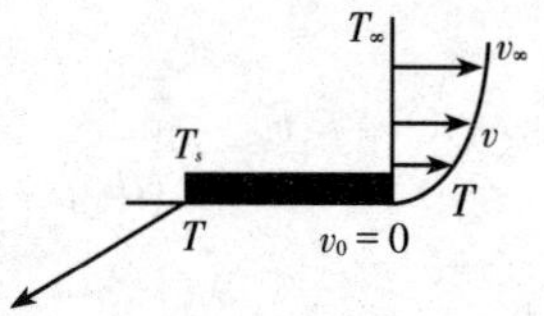

图 5.3　努塞尔准则示意图

该点处速度为 0，对贴壁流体层来说，有

$$h(T_s - T_\infty) = -k\frac{\partial(T - T_s)}{\partial y}\Big|_{y=0} \tag{5.24}$$

式中，k——流体的导热系数。

则

$$\frac{h}{k} = \frac{\dfrac{\partial(T_s - T)}{\partial y}}{T_s - T_\infty} \tag{5.25}$$

$$\frac{hl}{k} = 无量纲数 = Nu \tag{5.26}$$

5.2.9 普朗特数

普朗特数（Pr）是由流体物性参数组成的一个无量纲参数，表明温度边界层和流动边界层的关系，反映流体物理性质对对流传热过程的影响。

在考虑传热的黏性流动问题中，流动控制方程（如动量方程和能量方程）中包含着有关传输动量、能量的输运系数，即动力黏度（μ）、热导率（k）和表征热力学性质的参量定压比热（c_p）。通常将它们组合成无量纲的普朗特数来表示。

当几何尺寸和流速一定时，流体黏度大，流动边界层厚度也大；流体导温系数大，温度传递速度快，温度边界层厚度发展得快，使温度边界层厚度增加。因此，普朗特数的大小可直接用来衡量两种边界层厚度的比值。

普朗特数在不同的流体处于不同的温度、压力条件下，数值是不同的。液体的普朗特数随温度有显著变化。而气体的普朗特数除临界点附近外，几乎与温度及压力无关。普朗特数示意图如图 5.4 所示。

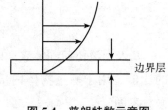

图 5.4　普朗特数示意图

已知 $\nu = \dfrac{\mu}{\rho}$，热扩散系数为 $a = \dfrac{\lambda}{\rho c}$，将这两个无量纲数相比，得出 $Pr = \dfrac{\nu}{a} =$

$\dfrac{\dfrac{\mu}{\rho}}{\dfrac{\lambda}{\rho c}} = \dfrac{\mu c}{\lambda}$（流体物体的组合，动量扩散系数与热量扩散系数的比）。

$$\frac{流动边界层}{热边界层} = \frac{\delta}{\delta_t} \approx Pr^{\frac{1}{3}} \tag{5.27}$$

5.2.10　格拉晓夫数（针对自然对流换热）

格拉晓夫数（Gr）是流体浮升力与黏性力的比值，它在自然对流中的作用与雷诺数在强制对流中的作用相当。格拉晓夫数反映了自然对流流动强度对对流换热强度的影响。流体的运动是由自然对流换热引起的密度差而产生的。

对于单相流体来说：

$$热膨胀系数：\alpha = \frac{1}{\rho_s}\frac{\rho_s - \rho_\infty}{T_s - T_\alpha} = \frac{1}{\rho_s}\frac{\Delta\rho}{\Delta T} \tag{5.28}$$

$$上升浮力：(\rho_s - \rho_\infty)Vg = \Delta\rho Vg = \rho\Delta T\alpha Vg \tag{5.29}$$

$$黏性力：F = A\mu\frac{\mathrm{d}u}{\mathrm{d}y} = A\nu\rho\frac{\mathrm{d}u}{\mathrm{d}y} \tag{5.30}$$

$$浮力/黏性力：\frac{\rho\Delta T\alpha Vg}{A\nu\rho\dfrac{\mathrm{d}u}{\mathrm{d}y}} = \frac{\Delta T\alpha l^3 g}{l^2\nu\dfrac{u}{l}} = \frac{\Delta T\alpha l^2 g}{\nu u} = 无量纲数 \tag{5.31}$$

将上述无量纲数乘以雷诺数（Re），得

$$Gr = \frac{\Delta T\alpha l^2 g}{\nu u}\frac{ul}{\nu} = \frac{\Delta T\alpha g l^3}{\nu^2} \tag{5.32}$$

5.2.11　伽利略数

流体因各部分的密度不同而做自由运动时，可用伽利略数（Ga）描述（体积力为重力）。

$$Ga = FrRe^2 = \frac{gl}{u^2}\frac{u^2 l^2}{\nu^2} = \frac{gl^3}{\nu^2} \tag{5.33}$$

当体积力为自然对流换热的外力时，$\dfrac{\rho_s - \rho_\infty}{\rho_s}$ 为一常数，可用 $\dfrac{\rho_s - \rho_\infty}{\rho_s}g$ 代替 g 推导阿基米德准则。

即

$$\left.\begin{array}{l} Ga = \dfrac{\rho_s - \rho_\infty}{\rho_s} \dfrac{gl^3}{\nu^2} = Ar \\[3mm] \dfrac{\rho_s - \rho_\infty}{\rho_s} = \alpha\Delta T \end{array}\right\} \Rightarrow Ga = \dfrac{\Delta T \alpha g l^3}{\nu^2} = Gv \quad (\text{阿基米德准则}) \tag{5.34}$$

5.2.12 斯坦顿数

斯坦顿数（St）用来描述强制对流换热现象。

$$St = \frac{Nu}{RePr} \tag{5.35}$$

将 $\left\{\begin{array}{l} Nu = \dfrac{hl}{\lambda} \\[2mm] Re = \dfrac{\mu c}{\lambda} \\[2mm] Pr = \dfrac{ul\rho}{\mu} \end{array}\right.$ 代入式（5.36）中，得

$$St = \frac{h}{\rho uc} \tag{5.36}$$

斯坦顿数的物理意义如下：

$$St = \frac{h}{\rho uc} = \frac{h}{\rho uc} = \frac{h\Delta TA}{\rho uc\Delta TA} \tag{5.37}$$

式中，$h\Delta TA$——流体通道内壁单位面积对流换热量；

$\rho uc\Delta TA$——流体流经对流换热出、入口，单位面积上的焓变。

5.2.13 柯西数

柯西数（Ca）是惯性力与弹性力的比值。对于可压缩流的模型实验，要保证流动相似，由压缩引起的弹性力场必须相似，两个流动的弹性力作用相似，它们的柯西数必定相等，反之亦然。这便是弹性力相似准则，又称柯西准则。

$$Ca = \frac{\rho v^2}{K} \tag{5.38}$$

5.2.14 韦伯数

韦伯数（We）是惯性力与张力的比值。在表面张力作用下相似的流动，

其表面张力分布必须相似。两个流动的表面张力作用相似，它们的韦伯数必定相等，反之亦然。这便是表面张力作用准则，又称韦伯准则。

$$We = \rho v^2 \frac{l}{\sigma} \qquad (5.39)$$

式中，　ρ——流体密度；

　　　　v——特征流速；

　　　　l——特征长度；

　　　　σ——流体的表面张力系数。

5.3　相似第三定理的说明

下面用逻辑的推理来详细说明相似第三定理的内容。

可以设想有一个第一现象，其性质及关系方程式已知。倘若有一个第二现象，其单值条件与之相似，并且由单值条件组成的相似准数的数值也与之相同，则可证明它必然相似于第一现象。

为了证明这一设想，可以在描写第一现象性质的关系方程式所表示的所有相似现象（这些所有的相似现象组成了同一种性质的相似现象的一组，称为相似现象组）中，选择一个第三现象，其单值条件与第一现象的单值条件相比获得的相似常数和第二现象（该现象与第一现象单值条件相似）与第一现象单值条件相比获得的相似常数相同。既然被这一关系方程式所表示的相似现象组中包括了所有相似于第一现象的现象，而这些现象必然满足上面所述单值条件相似与相似准数的数值相等的条件（这是相似第一定理所证明的）；因此，这样的第三现象显然是存在的。下面比较第二现象与第三现象：既然它们的单值条件及单值条件与第一现象相比的相似常数是相同的，则它们必然是同一个现象，因为不可能有单值条件相同的不同现象存在。假如有两个具有同一单值条件的不同现象存在，那么这些单值条件就不能完全地决定一个现象的特征，使一个现象区别于其他现象；这样，显然这些单值条件的选择是不恰当的。因此，第三现象相似于第一现象，第二现象也必然相似于第一现象。

下面列举两个例子来说明单值条件相似及由单值条件所组成的相似准数的数值相同是现象相似的充分必要条件。

首先，考虑两个物体沿着几何相似的路径运动的问题。若是两个运动的现象，表示其现象特性的单值条件速度 w、时间 τ 及运动的路程 l 相似，而且由这些单值条件所组成的谐时准数 $\frac{w\tau}{l}$ 数值相同，则这两个运动的现象必然相似。在这里可能产生这样的问题，即两个物体运动的现象虽然满足了上面的条件，但是这两个物体本身的几何形状不相似（如一个是方形的，一个是圆形的），则这两个运动现象似乎就应该是不相似的。然而，正如前文已经提到的，在这里我们考虑的是物体运动的情况，单纯从运动这样一个观点来看，只要两个运动的单值条件 w，τ，l 相似，而且谐时准数 $\frac{w\tau}{l}$ 的数值相同，则无论物体的形状如何，这两个运动的现象都是相似的。由此可知，两个现象的单值条件相似及由它们所组成的相似准数的数值相等，是两个现象相似的充分条件。在这些条件以外，即使是其他情况不相似，也并不影响所考虑的现象的相似。

其次，考虑流体流动的问题。若两个不可压缩流体流动的现象在几何相似的系统中进行，其单值条件 l，τ，w，ρ，ΔP，g 相似，且所组成的相似准数 Eu，Fr 的数值相同，但由动力黏度 μ 所组成的准数的数值并不相同，则显然这两个现象不能相似。如果原来在分析这一问题时，只考虑了刚才所提到的一些单值条件，而忽略了动力黏度 μ 这一个单值条件，则以这样的方式来选定单值条件显然是不恰当的。忽略了单值条件 μ，必然会导致结论错误。由此可知，单值条件相似及由它所组成的相似准数的数值相同，是两个现象相似的必要条件。然而在这两个现象中，当要求出流体流动时所产生的压力降 ΔP 时，因为 ΔP 随着 l，τ，w，ρ，g，μ 的规定而被决定，所以以 ΔP 并不是单值条件，由 ΔP 组成的相似准数 Eu 的数值相同，并不是这两个流体流动现象相似的必要条件。只要单值条件 l，τ，w，ρ，g，μ 相似，以及由它们组成的决定准数的数值相等，则这两个现象必然相似。现象相似，则经过相似路程所产生的压力降 ΔP 也必然相似，非决定准数 Eu 的数值也必然相同。

由上面讨论，相似第三定理可以得到如下结论。

（1）发生在几何相似系统中的现象，服从于同一个关系方程式，其单值条件相似，且由它们组成的准数（决定准数）数值相等时，这些现象相似。

（2）相似第一定理与相似第二定理是从将现象相似的存在当作预先已知的事实出发，确定了相似现象的性质。而相似第三定理说明了确认两个现象是否相似所需依据的标志。

（3）相似理论的这三个定理，完整地奠定了相似理论的基础。这三个定理说明，在进行实验研究时，应当测量包括在相似准数中的那些量，并且以相似准数之间的关系来整理实验所得的数据。而在将实验结果应用到其他同一性质的现象上去时，只要知道单值条件相似及决定准数的数值相等这两个条件，就可以确定这一同性质的现象与研究过的现象相似，并应用实验所得的结果。

因此，相似理论不但指导了实验及处理实验结果的方法，而且指示了实验结果推广应用的区域。所以，相似理论已经成为物理及工程上实验的理论基础。

然而，自然界的现象要完全满足相似第三定理规定的全部相似条件常常是很困难的，尤其是在比较复杂的现象中，要保持所有单值条件的相似及相似准数数值的相等是十分困难的。这样也就限制了相似理论应用的范围。因此，苏联科学家研究出的近似相似方法，大大地促进了相似理论的发展。近似相似的方法是根据实验的要求及其各个因素对现象影响的大小，抓住其主要因素、忽略次要因素来处理实验的结果。这种方法不是保持所有的相似条件，而是保持主要的相似条件，获得在实际上具有足够准确性的近似的相似。目前，该方法已经被广泛地应用在工程问题的研究中。

5.4 相似第三定理的例题

下面以一些例题来说明相似第三定理及相似准数的运用方法。

【例 5.1】 有一直径为 $d = 50$ cm 的输油管道，管道长为 $l = 200$ m，油的运动黏度 $\nu_0 = 1.31 \times 10^{-4}$ m²/s，管中通过油的流量为 $Q = 0.1$ m³/s。现用 10 ℃的水和管径为 $d_m = 5$ cm 的管路进行相似流动状态下的模型实验，试求模型管道的长度和通过的流量。

解：

该管道模型的几何比尺为

$$\lambda_l = \frac{d}{d_m} = \frac{50}{5} = 10$$

所以模型管道的长度为

$$l_m = \frac{l}{\lambda_l} = \frac{200}{10} = 20 \ (\text{m})$$

判别原型管道中的流态：

$$v = \frac{Q}{A} = \frac{0.1}{\dfrac{3.14 \times 0.5^2}{4}} = 0.51 \,(\text{m/s})$$

$$Re = \frac{vd}{\nu_0} = \frac{0.51 \times 0.5}{1.31 \times 10^{-4}} = 1947 < 2000$$

管内层流流动与黏性力等有关，故按照黏性力相似准则（雷诺准则）计算模型中流量 Q_m。

10 ℃水的运动黏度为

$$\nu_0 = 1.31 \times 10^{-4} \,(\text{m}^2/\text{s})$$

模型运动黏度比尺为

$$\lambda_\nu = \frac{\nu_0}{\nu} = \frac{1.31 \times 10^{-4}}{0.131 \times 10^{-4}} = 100$$

则流量比尺为

$$\lambda_Q = \lambda_\nu \lambda_l = 100 \times 10 = 1000$$

故模型管道中的流量 Q_m 应为

$$Q_m = \frac{Q}{\lambda_Q} = \frac{0.1}{1000} = 0.0001 \,(\text{m}^3/\text{s}) = 0.1 (\text{L/s})$$

【例 5.2】 渠道上设一平底单孔平板闸门泄流（如图 5.5 所示），上游水深为 $H = 3$ m，闸前水流行近流速为 $v_0 = 0.6$ m/s，闸孔宽度为 $b = 6$ m，下游为自由出流，闸门开度为 $e = 1.0$ m。如果按照长度比尺 $\lambda_l = 10$ 设计模型，试求：

（1）模型的尺寸和闸前行进流速 v_{0m}；

（2）如果在模型上测得某点的流量为 $Q_m = 81.5$ L/s，则原型上对应点的流量 Q 为多少？

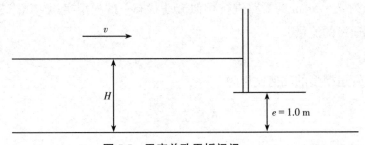

图 5.5 平底单孔平板闸门

解：

（1）模型尺寸设计和闸前行流速。

因为闸孔出流主要作用力是重力，所以按照重力相似准则设计模型。模型的长度比尺为 $\lambda_l = 10$，则模型中的尺寸为

$$\text{上游水深：} H_m = \frac{H}{\lambda_l} = \frac{3}{10} = 0.3 \, (\text{m})$$

$$\text{闸孔宽度：} b_m = \frac{b}{\lambda_l} = \frac{6}{10} = 0.6 \, (\text{m})$$

$$\text{闸门开度：} e_m = \frac{e}{\lambda_l} = \frac{1.0}{10} = 0.1 \, (\text{m})$$

重力相似准则条件下的流速比尺为

$$\lambda_v = \lambda_l^{\frac{1}{2}}$$

所以

$$v_{0m} = \frac{v_0}{\lambda_v} = \frac{v_0}{\lambda_l^{\frac{1}{2}}} = \frac{0.6}{\sqrt{10}} = 0.19 \, (\text{m/s})。$$

（2）原型流量 Q 的计算。

重力相似准则条件下的流量比尺为

$$\lambda_Q = \lambda_l^{\frac{2}{5}}$$

$$Q = Q_m \lambda_Q = 0.0815 \times 10^{2.5} = 25.76 \, (\text{m}^3/\text{s})$$

即原型上的流量为 25.76 m^3/s。

【例 5.3】　设有一个油罐，直径为 $d = 4$ m，油温为 $t = 20 \,℃$，已知油的运动黏度为 $\nu_p = 0.74 \, \text{cm}^2/\text{s}$，长度比 λ_l 约为 4，试进行下面各项研究：

（1）选定何种相似准则？

（2）如何选定模型流体？

（3）各项比例的计算。

解：

（1）油自油管流出，自由表面受重力作用，由于油的黏度较大，故又受黏性力作用。因此，重力和黏性力都是重要的作用力，所以，这里的相似准则应该选定同时满足雷诺数和弗劳德数的要求。

（2）模型的选择。

$$\begin{cases} \dfrac{v_1 l_1}{\nu_1} = \dfrac{v_2 l_2}{\nu_2} \\[2mm] \dfrac{v_1^2}{l_1} = \dfrac{v_2^2}{l_2} \end{cases} \Rightarrow \lambda_v = \lambda_l^{\frac{3}{2}} = 4^{\frac{3}{2}} = 8$$

$$\nu_m = \frac{\nu_p}{\lambda_\nu} = \frac{0.74}{8} = 0.0925 \; (\text{cm}^2/\text{s})$$

由于运动黏度 ν_m 正好等于 0.0925 cm²/s 的流体极难找到，所以只好挑选一些近似的流体。现在选用 20 ℃ 的 59% 的甘油溶液，它的运动黏度是 0.0892 cm²/s，与计算值很接近，但在试验过程中要保持 20 ℃ 的温度，所以以模型液体的运动黏度应为 $\nu_m = 0.0892$ cm²/s，而不再是 0.0925 cm²/s。

（3）模型流体选好后，由于所选择的 ν_m 不再等于 0.0925 cm²/s，所以对应长度比 λ_l 应进行修正。

$$\lambda_l = \lambda_\nu^{\frac{2}{3}} = \left(\frac{\lambda_p}{\lambda_m}\right)^{\frac{2}{3}} = \left(\frac{0.74}{0.0892}\right)^{\frac{2}{3}} = 4.1$$

即长度比 λ_l 应为 4.1，而不是 4。因此，模型油罐的直径为

$$d_m = \frac{d_p}{\lambda_l} = \frac{4}{4.1} = 0.976 \; (\text{m})$$

流速比 λ_ν 按照弗劳德准则求得（按照雷诺准则也能得到同样的结果）

$$\lambda_\nu = \lambda_l^{\frac{1}{2}} = \left(\frac{\nu_p}{\nu_m}\right)^{\frac{2}{3}} = 4.1^{\frac{1}{2}} = 2.205$$

由此可知，模型油管内的流速大致为原型中的一半。时间比 λ_t 按照雷诺准则求得

$$\lambda_t = \frac{\lambda_l}{\lambda_\nu} = \lambda_l^{\frac{1}{2}} = 2.025$$

加速度求得

$$\lambda_a = \frac{\lambda_\nu}{\lambda_t} = \frac{\lambda_l^{\frac{1}{2}}}{\lambda_l^{\frac{1}{2}}} = 1$$

5.5 总 结

理论上，如果两个现象可用相同的微分方程表示，单值条件相似且由单值条件组成的相似准数的数值相同，那么这两个现象即相似的现象。但该理论在应用于实际时并不方便，故应用得很少（可忽略）。因此，在实际应用中，人们需要通过分析研究对象，找到单值条件。根据相似准数相同的规律计算实验设计参数，以得到与工程原型相似的实验模型。

相似第三定理说明了满足什么条件才能相似这一问题。

相似第三定理的实用价值在于：它是指导模化实验的理论根据。为了保证所制作的模型与实物（或原型）之间的相似，不可能根据物理现象相似的定义来安排模型实验。因为人们无法使得未知物理量的分布情况与实验的真实情况相似，所以也就不可能直接使模型满足相似定义的要求。但是，根据相似第三定理，只要使模型的单值性条件和实物相似，并且由这些单值性条件所组成的相似准则相等，即模型中的相似准则与实物中的同名相似准则在数值上相等，就能保证模型中所进行的过程与实物中进行的过程相似。由于这些条件都是已知的，所以可使相似的条件在实验前得到满足，这就使模化实验有了可能性。

相似第三定理指出了模型中的物理现象相似于实物（或原型）中的物理现象所必须遵守的充分必要条件。这个定理是各种物理过程模化的科学根据，所以它在各现代科学技术领域得到日益广泛的应用。

第6章　相似理论的应用实例

相似理论可以被广泛应用于各个领域。本章主要列举了几个常用的相似理论在物理学中的应用实例，供读者参考。

6.1　数学摆的运动

数学摆（如图6.1所示）是指一个悬挂在一根无重量和无伸长的线上的重质点，线的另一端固定不动，在摆的所有可能的运动中，只讨论平面运动。

图6.1中，l 为摆长；φ 为摆线与铅直线之间的夹角；t 为时间；m 为质点的质量；N 为摆线的张力。

若忽略阻力，摆的运动问题就归结为求解以下方程：

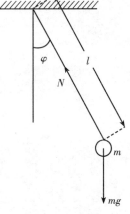

$$\frac{\mathrm{d}^2\varphi}{\mathrm{d}t^2} = -\frac{g}{l}\sin\varphi \tag{6.1}$$

$$m\left(\frac{\mathrm{d}\varphi}{\mathrm{d}t}\right)^2 l = N - mg\cos\varphi \tag{6.2}$$

图6.1　数学摆

关于式（6.1）的由来，由牛顿力学，单摆的运动可做如下描述。

首先，可以得到重力对单摆的力矩为

$$M = -mgl\sin\varphi \tag{6.3}$$

式中，m ——质量；

g ——重力加速度；

l ——摆长；

φ ——单摆与竖直方向的夹角。

注意：φ 是矢量，这里取它在正方向上的投影，为 φ。

其次，可以得到摆角 φ 关于时间的函数用于描述单摆运动。由角动量定理可得

$$M = I\beta \tag{6.4}$$

式中，$I = ml^2$ ——单摆的转动惯量；

$\beta = \dfrac{\mathrm{d}^2\varphi}{\mathrm{d}t^2}$ ——角加速度。

化简式（6.3）和式（6.4）得到

$$\frac{\mathrm{d}^2\varphi}{\mathrm{d}t^2} + \frac{g}{l}\sin\varphi = 0$$

其初始条件是，当 $t = 0$ 时，$\varphi = \varphi_0$，$\dfrac{\mathrm{d}\varphi}{\mathrm{d}t} = 0$，即取摆的偏角为 φ_0 且速度等于零的时刻作为初始时刻。

由式（6.1）和式（6.2）及初始条件可见，可以取下列参量作为主定参量组：t，l，g，m，φ_0。所有其余的量的数值完全由这些参量的值确定。因此，可以写出：

$$\varphi = \varphi(t,\ l,\ g,\ m,\ \varphi_0), \quad N = mgf(t,\ l,\ g,\ m,\ \varphi_0) \tag{6.5}$$

式中，函数 φ 和 f 是无量纲函数。

函数 φ 和 f 的数值与量度单位制无关。这两个函数的形式可以由解式（6.1）和式（6.2）来确定，或者用实验方法来确定。

一般的设想有三个独立的量度单位，所以函数 φ 和 f 的五个自变量（t，φ_0，l，g，m）只能化为两个由这些量组合而成的无量纲自变量。

由 t，φ_0，l，g，m 可以组成两个独立的无量纲组合，即

$$\varphi_0, \quad t\sqrt{\frac{g}{l}}$$

所有由 t，φ_0，l，g，m 组成的，或者一般来说由这些参量决定的任何量所组成的其他无量纲组合，都将是该组合的函数，因而可以写为

$$\varphi = \varphi\left(\varphi_0,\ t\sqrt{\frac{g}{l}}\right) \tag{6.6}$$

$$N = mgf\left(\varphi_0,\ t\sqrt{\frac{g}{l}}\right) \tag{6.7}$$

用量纲方法得出的式（6.6）和式（6.7）表明，运动规律与质点的质量无

关，而摆线的张力与质点的质量成正比。这些结论也可直接从式（6.1）和式（6.2）中得出。$t\sqrt{\dfrac{g}{l}}$ 可以看作摆长和重力加速度都取为1的特殊量度单位制中的时间。

以 G 记任一特征时间间隔，如摆从最大偏离位置到垂直位置间的运动时间，或者在两个相同位相间的运动时间即振动周期等（可以把存在周期性运动看作假设，或者看作由补充数据得知的结果）。已知 $G=f_1(\varphi_0,\ l,\ g,\ m)=\sqrt{\dfrac{l}{g}}f_2(\varphi_0,\ l,\ g,\ m)$，函数 f_2 是无量纲函数，又因为 $l,\ g,\ m$ 不能组成无量纲组合，显然，函数 f_2 与 $l,\ g,\ m$ 无关。所以

$$G=\sqrt{\frac{l}{g}}f_2(\varphi_0) \tag{6.8}$$

式（6.8）确立了时间 G 对摆长的依赖关系。函数 $f_2(\varphi_0)$ 的形式是无法用量纲理论得到的，而必须根据式（6.1）从理论上或从实验上来确定，即需要根据其他的物理知识才能确定。

式（6.8）可以直接从式（6.6）中得出。事实上，对于振动周期，式（6.6）给出 $\varphi_0=\varphi\left(\varphi_0,\ G\sqrt{\dfrac{g}{l}}\right)$，解此方程即得式（6.8）。

若 G 为振动周期，则从对称性的角度出发，显而易见，周期 G 的值不依赖于 φ_0 的符号，即 $f_2(\varphi_0)=f_2(-\varphi_0)$。因此，函数 f_2 是自变量 φ_0 的偶函数，假设在 φ_0 值很小时，$f_2(\varphi_0)$ 是正则函数，可以写为

$$f_2(\varphi_0)=c_1+c_2\varphi_0^2+c_3\varphi_0^4+\cdots \tag{6.9}$$

对于小振动，φ_0^2 及更高次的项可以忽略不计，于是对于周期 G 得到式（6.10）：

$$G=c_1\sqrt{\frac{l}{g}} \tag{6.10}$$

式（6.1）的解表明，$c_1=2\pi$。由此可见，对于摆的小振动，用量纲理论可以得到摆的振动周期公式，精确到只差一个常数因子。

如果代替式（6.1），可以取方程 $\dfrac{d^2\varphi}{dt^2}=-\dfrac{g}{l}f(\varphi)$，其中 $f(\varphi)$ 是 φ 的任意函数，则在此情况下，式（6.6）至式（6.8）依然成立。一般来说，式（6.6）至式（6.8）成立这一结论，是根据下述唯一条件得出的，即运动状态由参量 t，

φ_0，l，g，m来确定。为了确立这一组参量用到了运动方程，但是，也可以不借助于运动方程就指出这组参量。事实上，对于摆的特征量，首先应当指出l和m；其次，必须指出g，因为现象的本质由重力决定；最后，还要指出φ_0和t，因为具体的运动和运动状态取决于最大偏角φ_0和所讨论的时刻t。

6.2　流体在管道中的运动

量纲与相似理论方法的重大价值，在水力学中研究管道内的液体运动时第一次十分明显地表现了出来。尽管量纲理论分析在实践上重要且简单，但是，它是在19世纪末才被应用于水力学问题中的，这一应用带来了巨大的效益，是水力学史上向前发展的重大一步。

长期以来，人们在水力学中使用了不同学者提出的大量经验公式。这些公式中包含着一系列有量纲的常数，它们的值是由特定的实验条件和流体性质来确定的。

量纲理论综合考虑了对问题比较确切和普遍的提法与算法，可以使不同温度下在不同直径的管道中具有不同运动速度时，对不同流体的运动得到的许多经验规律相符合并统一起来。

现在，可以用下述条件来确定一类运动。管道是一些具有相同截面形状的柱形管道（如图6.2所示），因此，管道及其横截面由给出截面积或给出某一特征长度a就可以完全确定。对于圆管，通常取半径或直径作为特征尺度。如果管道长度足够长，可以不考虑管端处运动的影响。因此，可以把现象理想化，假定管道为无限长。

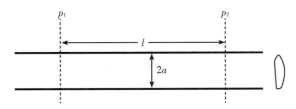

图6.2　不可压缩流体在柱形管道中的运动

对于所考虑的流体运动假定是定常的。

假定在所研究的过程中压缩性不重要，所以下面将讨论不可压缩流体的运动。我们将考虑流体的惯性和黏性，它们分别由密度（ρ）和动力黏度（μ）表征。因为动力黏度依赖温度，所以考虑动力黏度时也将考虑温度的影响。

为了确定流体的运动，还需要再给定一个量，这个量或者是沿管道的压力降，或者是单位时间内通过管道截面的流体流量，或者是流体在管道截面上的平均速度 $(\bar{u})$，等等。

因此，管道、流体和流体的运动状态完全由下列参量组确定：ρ，μ，a，$\bar{u}$。运动的所有力学特征量都是这些参量的函数。例如，管道单位长度上的压力降为

$$\frac{p_1-p_2}{l} \tag{6.11}$$

式中，p_1，p_2——管道内相距为 l 的两个截面上的压力。

组合为

$$\frac{p_1-p_2}{l\dfrac{\rho\bar{u}^2}{2a}} = \varphi \tag{6.12}$$

式中，φ——无量纲量，称为管道阻力系数。

长度为 l 的管段的阻力为

$$P=(p_1-p_2)S = \varphi\frac{l}{a}S\frac{\rho\bar{u}^2}{2} \tag{6.13}$$

式中，S——管道的截面积。

由这四个主定参量（ρ，μ，a，$\bar{u}$）只能组成一个独立的无量纲组合——$\dfrac{\bar{u}a\rho}{\mu}=Re$，该数即雷诺数。所有依赖上述四个参量的无量纲量都是雷诺数的函数。其中就有 $\varphi = \varphi(Re)$。

确定管道阻力或流体流量对压力降的依赖关系，可归结为求函数关系 $\varphi(Re)$。此函数可以用实验方法求出。测量水在某一管道中运动时阻力对速度（或对流动流体的流量）的依赖关系，所得到的结果可以在研究其他流体在其他直径的管道中的运动时加以利用。例如，根据水运动的实验数据，在许多情况下（当压缩性不重要时，即在速度远小于声速时）可以解决关于空气等在管道中运动的许多问题。

实验结果表明，流体在管道中的运动有两种截然不同的形式：层流和湍流。流体在柱形管道中做层流运动时，流体质点沿平行于管道母线的直线运动；而在做湍流运动时，流体则在垂直于管道母线的方向有无规则的掺混。湍流流动只在取平均值时可以看作定常运动。

在许多情况下，管道中流体的层流运动只具有弱稳定性；或者一般来说是不稳定的，将会转化为湍流运动。

稳定性是流体运动的整体特性，所以对于光滑管道，稳定性应由雷诺数确定。实验很好地证实了这一结论。对于小雷诺数，层流运动是稳定的；而对于大雷诺数，层流运动则不稳定。运动的形式由雷诺数决定。层流运动的稳定性界限由雷诺数的某一数值表征，此值称为临界雷诺数。对于圆柱形管道临界雷诺数值具有量级为 1000 ~ 1300。

黏性大的流体以小速度在小直径管道中（如在毛细管中）的运动表现为层流，而黏性小的流体以大速度在大直径管道中的运动表现为湍流。

实验数据表明，函数 $\varphi(Re)$ 有两支，一支对应于层流运动，另一支对应于湍流运动。在临界雷诺数值附近存在一个过渡区。

流体在柱形管道中做层流运动时，所有的流体质点都沿着平行于管轴的直线做等速运动（加速度等于零）。流体在管道中的这种运动称为哈根–泊肃叶（Hagen-Poiscuille）流动。只有当加速度不等于零时，由参量 ρ 体现的流体的惯性才起作用，所以在层流运动中，阻力不应依赖于 ρ。因而，在层流运动中，式（6.13）的右端不应依赖于 ρ。由此得出，在层流运动情况下，ρ 应从式（6.13）中消失，所以，函数 $\varphi(Re)$ 应具有以下形式

$$\varphi = \frac{C}{Re} = \frac{C\mu}{\rho a \bar{u}} \tag{6.14}$$

式中，C——由管道截面的几何形状决定的无量纲常数；

　　　a——管道的半径。

对于圆管，容易由理论算出 $C = 16$。

从而，在层流运动的情况下得到管道阻力公式：

$$P = \frac{1}{2}\frac{S}{a^2}C\mu l\,\bar{u} = C_1\mu l\,\bar{u} \tag{6.15}$$

式（6.14）中，C_1 是无量纲常数，它依赖于管道截面的形状。如果作为主定参量只取三个量（a, μ, $\bar{u}$），再考虑到 P 正比于 l，则容易直接得出式（6.15）。

如果给定导致流体运动的压力降，则作为主定参量宜于取 p, μ, a 和 $i = \dfrac{p_1 - p_2}{l}$。

这时，运动形式由无量纲参量 $\dfrac{\rho i a^3}{\mu^2} = J$ 决定。由式（6.13）不难看出

$$J = \frac{1}{2}R^2\varphi(Re) \tag{6.16}$$

式通过函数 $\varphi(Re)$ 给出了 J 对 Re 的依赖关系。我们把单位时间内流过管道截面的流体体积（所谓管道的体积流量）记作

$$Q = \bar{u}S$$

无量纲组合 $\dfrac{Q\rho}{\mu a} = Re\dfrac{S}{a^2}$ 是量 J 的函数，即

$$Q = \frac{\mu a}{\rho}f(J) \tag{6.17}$$

对于层流运动容易确定函数 $f(J)$ 的形式，可根据式（6.14）和式（6.16）求得：

$$Q = \frac{2}{C}\frac{S}{a^2}\frac{ia^4}{\mu} = C_2\frac{ia^4}{\mu} \tag{6.18}$$

式中，C_2——无量纲常数，依赖于管道截面的形状。

对于圆管，有

$$C_2 = \frac{\pi}{8}$$

式（6.18）即泊肃叶定律，它是哈根于1839年和泊肃叶于1840年用实验建立的。此定律与实验符合甚好，是流体中黏性摩擦定律的正确性及原先对现象概括的合理性的主要证据之一。

6.3 物体在流体中的运动

对飞机、潜艇等运动问题进行概括时，就需要考虑刚体在充满整个空间的无界流体中做等速平动的问题。

物体表面的几何形状固定不变时，为了完全给定物体表面，需要给出某一个特征长度 d。下面来讨论物体平行于某一不动平面的一些平动。

以 v 和 α 记作运动速度和确定速度方向的角（如图6.3所示），对于不同的运动，v 与 α 可以是不相同的。假定流体可以认为是不可压缩的，我们将考虑流体的黏性和

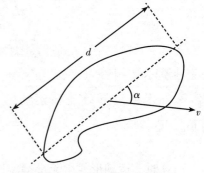

图6.3 刚体在流体中的运动

惯性。为简单起见，假定没有质量力，物体表面上的压力分布及流体作用于物体的合力，依赖于流体受扰运动的状态。

对于给定形状的物体，流体的定常运动状态由五个参量（d，v，α，ρ，μ），确定与流体的运动状态有关的全部无量纲力学量，可以看作两个无量纲参量的函数，即冲角 α 和雷诺数

$$\frac{vd\rho}{\mu} = Re$$

以 W 表示流体作用于物体的力，不论是把 W 理解为总阻力，还是理解为它的一个分力，即与运动速度反向的迎面阻力或与速度垂直的举力，都对进一步的讨论产生相同的影响。由量纲理论的一般定理可知，无量纲量 $\dfrac{W}{\rho d^2 v^2}$ 是冲角 α 和雷诺数 Re 的函数。所以，有

$$W = \rho d^2 v^2 f(a, Re) \tag{6.19}$$

确定函数 $f(a, Re)$ 是理论与实验空气动力学和流体力学的重要课题。

显然，对于所选取的参量组，黏性对运动的影响只有通过雷诺数的影响才能体现出来。

由公式 $Re = \dfrac{vd\rho}{\mu}$ 的形式，可以归纳出关于在物体的速度或物体的尺度增大时流体黏性作用的某些一般结论。例如，在物体的运动速度或物体的线尺度增大时，雷诺数将增大。但为了保持黏性的作用不变，雷诺数应当保持为常数，因雷诺数的任何改变都可归因于动力黏度的改变；如果乘积 $vd\rho$ 增大，为使雷诺数不变，就必须增大动力黏度 μ。因此，当物体取同一个运动速度时，由大物体的运动所引起的蜂蜜（其 μ/ρ 大）的运动，相似于由小物体的运动所引起的水（其 μ/ρ 小）的运动；或者，物体以大速度在蜂蜜中的运动，相似于该物体以小速度在水中的运动。运动的相似性表现为对于这些运动来说，所有的无量纲量都相同。

由这些考虑还容易看出，物体在同一流体中运动时，黏性的作用随物体速度和物体尺度的增大而减小。理论研究和实验数据表明，在大雷诺数时，流体黏性的作用减小，并在某些情况下变得不重要。将黏性忽略不计，即假定 $\mu = 0$，就得到理想流体的概念。

在物体于理想流体中运动的问题中，主定参量的数目减少为四个：d，

α, ρ, v。在理想流体中，所有的无量纲特征量都由冲角 α 确定，所以式（6.19）转换为下式：

$$W = \rho d^2 v^2 f_1(\alpha) \tag{6.20}$$

因此，当物体在不可压缩理想流体中运动时，流体作用在物体上的力与速度的平方成正比。对于黏性流体，当雷诺数足够大时，这个规律近似成立。

对于不同形状的物体，式（6.19）和式（6.20）中的函数 $f(a, Re)$ 和 $f_1(a)$，除依赖于冲角 α 外，还主要依赖于确定物体几何形状的无量纲参量。

下面考虑相应于小雷诺数值的、物体的极缓慢运动的情形。

在雷诺数减小时，黏性力的作用增大。如果同黏性力相比，略去惯性力，则相当于假定参量 ρ 不重要。在此情况下，主定参量组是下列四个参量：d，α，μ，v。所以，所有的无量纲特征量也都只依赖于冲角 α。因此，有

$$W = \mu d v f_2(\alpha) \tag{6.21}$$

由此可见，阻力和举力正比于速度、动力黏度、线尺度（d）。这个定律可称为斯托克斯定律，它对于小物体的缓慢运动（如细小粒子在流体中的下沉）与实验符合非常好。

对于球体，函数 $f_2(\alpha) = const = c$，不依赖于冲角 α。在上述假定（它归结为在纳维尔-斯托克斯方程中略去惯性项）下，斯托克斯曾对球体的缓慢运动计算了系数 c 的理论值，得出此值等于 3π（如果 d 为球体的直径）。

因此，可以看到，量纲理论可以揭示在雷诺数值很大和很小时函数 $f(a, Re)$ 对雷诺数 Re 的依赖关系的形式。在 $Re \to \infty$ 时得到理想流体，在此情况下，函数 $f(a, Re)$ 趋于某一与雷诺数无关的函数 $f_1(a)$。与小雷诺数值相对应的流动状况，其特征如下：流体的黏性具有基本作用，而惯性是次要的，即 μ 的值大，ρ 的值小。在 $\rho = 0$ 的极限情况下，式（6.21）成立；假定 $\rho \neq 0$，则由式（6.21）可得：

$$W = \rho d^2 v^2 \frac{f_2(\alpha)}{\dfrac{v d \rho}{\mu}}$$

由此得出，对于小雷诺数值应有下列形式的公式：

$$f(a, Re) = \frac{f_2(\alpha)}{Re} \tag{6.22}$$

此关系式是斯托克斯定律的推论。

利用量纲理论断定：如果在纳维尔-斯托克斯方程中略去惯性项，则斯托克斯定律即式（6.21）对于任意形状的物体均成立。

函数 $f_2(\alpha)$ 可以由实验确定，或者通过求解简化的纳维尔斯托克斯方程由理论确定。

6.4 物体在流体流动中的散热

1916 年，瑞利（Rayleigh）曾把量纲理论应用于关于物体向绕它流动的流体传热的布辛涅斯克（Boussinesq）问题。后来，瑞利的推理成了许多学者批评的对象，但是，这些批评中所提出的问题并未得到澄清。

下面详细地考察在将量纲理论应用于这个问题时所发生的全部情况。

此问题可表述如下：存在一个从给定固定形状的物体向充满该物体以外的整个空间的流体传热的定常过程。物体固定不动，流体绕物体流动，并且在物体前方足够远处以等速 v 做平行运动。

令 H 为单位时间内物体传出的热量。假定流体是理想的和不可压缩的，则瑞利推理如下。热量 H 由下列参量值确定：物体的特征尺度 l，远离物体处流体的速度 v，温度梯度 θ（等于物体的温度与远离物体处流体的温度之差，并且假定物体的温度保持为常数），流体单位体积的比热 c 和流体的热传导系数 λ。因此，可以写出：

$$H = f(l,\ v,\ \theta,\ c,\ \lambda)$$

瑞利取长度（L）、时间（T）、温度（C°）、热量（Q）和质量（M）的量度单位作为基本量度单位，所以各参量的量纲为

$$[l] = \mathrm{L}, \quad [v] = \frac{\mathrm{L}}{\mathrm{T}}, \quad [\theta] = \mathrm{C}°, \quad [c] = \frac{\mathrm{Q}}{\mathrm{L}^3\mathrm{C}°}, \quad [\lambda] = \frac{\mathrm{Q}}{\mathrm{LC}°\mathrm{T}}$$

由此可见，所有这些量纲都与质量无关。

由这五个有量纲的主定参量只能组成一个独立的无量纲组合，即

$$\frac{lvc}{\lambda}$$

则 H 的量纲为

$$\frac{\mathrm{Q}}{\mathrm{T}}$$

可以看出，组合 $\dfrac{H}{\lambda l\theta}$ 是无量纲量，所以有

$$H = \lambda l\theta f\left(\frac{lvc}{\lambda}\right) \tag{6.23}$$

式（6.23）是瑞利得到的。由该公式得出，传热率与温度梯度（θ）成正比，并且对于不同的 v 与 c，只要它们乘积（vc）为常数，传热率就具有同一值。

略布欣斯基做了如下评论。因为热量和温度具有能量的量纲（在气体分子运动论中温度定义为做无规则运动的分子的平均动能），所以，作为基本量度单位只能取长度、时间和质量的量度单位。于是主定参量的量纲为：

$$[l] = \mathrm{L}, \quad [v] = \frac{\mathrm{L}}{\mathrm{T}}, \quad [\theta] = \frac{\mathrm{ML}^2}{2}, \quad [c] = \frac{1}{\mathrm{L}^3}, \quad [\lambda] = \frac{1}{\mathrm{LT}}$$

现在由主定参量可以组成两个独立的无量纲组合，即

$$\frac{lvc}{\lambda}, \quad cl^3$$

因此，在此情况下量纲理论导出如下公式：

$$H = \lambda l\theta f\left(\frac{lvc}{\lambda}, \ cl^3\right) \tag{6.24}$$

显然，式（6.24）给出的结果要比式（6.23）给出的少。

在对略布欣斯基的答复中，瑞利写道："略布欣斯基所提出的问题，与其说是属于我所涉及的相似性原理的应用这一方面的，不如说是属于逻辑方面的问题。很值得进一步探讨。我的结论是在通常的傅里叶热传导方程的基础上得出的，在方程中温度和热量被看作不同质的量。如果由分子论提供的关于热的本质的进一步认识，使我们处于比以前研究个别问题时还要坏的境地，那的确是一个佯谬。佯谬的解决看来应该是，在傅里叶方程中包含着在略布欣斯基的理论中被忽视的关于热和温度本质的某些东西。"在谈到这一答复时，布里奇曼正确地指出，瑞利的答复难以令人满意，况且他本人完全没有给出对该问题的解释。

误解可解释如下。在瑞利推导式（6.23）时所取的基本单位中对于能量有三个不同的量度单位：尔格 = $\mathrm{ML}^2/\mathrm{T}^2$，度（$\mathrm{C}°$），卡（$Q$）。在气体分子运动论中，热量和温度是作为机械能来定义的。将热量和温度转换到力学量度单位，牵涉到两个常数值：热功当量 $J = 427\,\mathrm{kg \cdot m/kcal}\left(= \dfrac{\mathrm{ML2}}{\mathrm{T2C}°}\right)$ 和玻尔兹曼常数 $k =$

1.38×10^{-16} 尔格/度 $\left([k] = \dfrac{\mathrm{ML^2}}{\mathrm{T^2 C^\circ}} \right)$。在机械能、热量和温度取为独立的量度单位时，这些常数必须看作物理常数。

由流体的不可压缩和无黏性的条件得出，速度场由运动学条件确定，并且现象不伴随热能与机械能之间的转化。力学过程独立于热过程而进行。由此可见，流体的密度值不影响所有的热学量。而且由于没有热能转化为机械能，热功当量的值一般也不重要。再则，如果假定密度 ρ 和热功当量 J 不影响所研究的传热过程，由量纲理论得知，玻尔兹曼常数 k 的值也是不重要的，因为常数 k 的量纲公式中包含有质量单位的符号，而 H 和主定参量的量纲都是与质量单位无关的。量 ρ，J，k 在上述假定下均不重要这一性质，也容易从确定物体传给流体的热量这一问题的数学表述中看出。这些情况表明，在瑞利列出的主定参量中不出现 J，ρ，k 是正确的。然而，如果保留密度 ρ 不重要这一假定，而不假定 J 和 k 是不重要的（此假定是补充分析所得的结果），那么，在瑞利的主定参量表中必须把量 k 和 J 加进去，这样，就得到了如下主定参量组：l，v，θ，c，λ，J，k。由这七个量只可以组成两个独立的无量纲组合，即

$$\frac{lvc}{\lambda}, \quad \frac{Jcl^3}{k}$$

此时式（6.23）可由下式代替：

$$H = \lambda l \theta f\left(\frac{lvc}{\lambda}, \ \frac{Jcl^3}{k} \right) \tag{6.25}$$

如果注意到热功当量 J 是不重要的，从而参量 $\dfrac{Jcl^3}{k}$ 不重要，所得到的式（6.25）就化为式（6.23）。

现在，如果同略布欣斯基一样利用力学量来确定热量，则 k 和 J 就是无量纲普适常数。于是式（6.25）就化为式（6.23）。结论之所以比较弱，是因为在这种研究方法中没有考虑关于现象机制的补充分析。

6.5 重液体通过水堰的溢流

重液体通过水堰的溢流运动如图6.4所示。水堰是一个带有三角形孔口的铅直壁，孔口对于铅直线是对称的，且顶角 $\alpha = 90°$。液体在水头下流出，水头 h 等于由三角形顶点向上算起的上游远处的液面高度。为简单起见，假定

贮液器非常大，从而可以认为液体的运动是定常的。在液体做溢流运动时，惯性和重量（它们分别由密度 ρ 和重力加速度 g 的值来表征）具有基本意义。

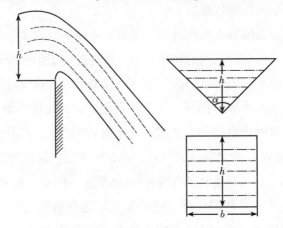

图6.4   重液体通过水堰的溢流运动

流过上述水堰的液体的定常流动由下列参量完全确定：ρ，g，h。单位时间内通过堰孔流出的液体的重量（Q）只能是这些参量的函数，即

$$Q = f(\rho, \ g, \ h)$$

利用量纲理论不难求出此函数的形式。事实上，Q 的量纲等于 kg/s。组合 $\rho g h \sqrt[3]{\dfrac{g}{h}}$ 也具有 kg/s 的量纲。所以 $\dfrac{Q}{\rho g^{\frac{3}{2}} h^{\frac{5}{2}}}$ 是无量纲量。这个比是量 ρ，g，h 的函数，而由 ρ，g，h 不能组成无量纲组合，所以有

$$\frac{Q}{\rho g^{\frac{3}{2}} h^{\frac{5}{2}}} = C$$

或者

$$Q = \rho g^{\frac{3}{2}} h^{\frac{5}{2}} \tag{6.26}$$

其中，C 是绝对常数，它的值用实验来决定最简单。所得到的公式完全确定了液体的流量对于水头 h 和密度 ρ 的依赖关系。

假设水堰带有各种不同的角度 α，就可以把上面所考虑的一类运动加以扩充。这时，主定参量组中要增加角 α，于是，式（6.26）变成如下形式：

$$Q = C(\alpha) \rho g^{\frac{3}{2}} h^{\frac{5}{2}} \tag{6.27}$$

即系数将依赖于角 α。

如果水堰具有宽度为 b 的矩形孔，则主定参数组如下：ρ，g，h，b。

所有的无量纲量都由参数 $\dfrac{h}{b}$ 确定。这时式（6.26）变成如下形式：

$$Q = f\left(\frac{h}{b}\right)\rho g^{\frac{3}{2}} h^{\frac{5}{2}} \tag{6.28}$$

函数 $f\left(\dfrac{h}{b}\right)$ 可以通过观测在 h 保持不变时流过不同宽度 b 的水堰的流动，进而通过实验来确定。这样定出函数 $f\left(\dfrac{h}{b}\right)$ 之后，式（6.28）就可以应用于 b 为常数的情况下。而水头 h 不同的情形，即应用于没有做过实验的情形。

这个例子表明，利用量纲方法得到的结论在安排实验时可以带来很大的好处，即可以减少实验的数量，不仅节约了物资，而且节省了时间。一些量的变化在实验中可以用另一些量的变化来代替。根据用水做的实验，就可以给出石油、水银等流动现象的详尽答案。

6.6 相似理论在应用中的问题

相似方法已为人们所广泛接受，并被公认为当今科技界的五大研究方法之一。其显著特点是照顾到理论和实际两个方面，使之相辅相成，故而日臻完善，深得人们青睐。

在参考本书时，需要注意如下问题。

（1）本书的现象举例主要用于理论和方法的说明与解释，而工程中的实际问题要复杂很多。

（2）要有明确的研究对象及对对象的深入了解，才能更好地应用该理论与方法。

（3）如果所有的相似准数都相等，那么模型流动和原型流动就成为相等流动。但实际上，这并不能实现，需要寻求的是主要相似（较为关注的部分）、决定性相似准数值相等。

（4）个别经验公式的量纲问题：量纲和谐性原理是已经被无数事实证明的客观真理。因为只有两个同类型的物理量才能相加减，否则是没有物理意义的。而一些经验公式是在没有理论分析的情况下，根据部分实验资料或实测数据统计而得，这类公式通常是量纲不和谐的。这说明人们对客观事物的认识还不够全面和充分，只能用不完全的经验关系式来表示局部的规律性。这些公式随着人们对流体本质的深刻认识，将逐步被修正或被正确完整的公式所替代。

此外，还应该指出的是，相似方法不是一种独立的科学研究方法，它不能与数学分析方法和实验研究方法相提并论。借助于分析方法或实验方法能够揭示各种物理现象的规律性，而仅靠相似方法做不到这一点，因为这种方法只是实验研究和理论研究的一种辅助方法。相似方法也和其他研究方法一样，只有当把它与对所研究现象的深刻分析结合起来时，只有当把它与由实验或分析解所得到的对有关现象的物理本质的认识结合起来时，相似理论才是有价值的。如果对所研究的物理现象没有合理的数学描述，而只指望利用形式推理的方法来揭露客观现象的实质，那么将是不可能实现的。

第7章 例 题

为了使读者更容易理解与运用相似理论及相似方法，本章列举了一些常见的相似理论的应用例题，供大家学习与思考。

【例7.1】 新设计的离心压缩机产品参数如下：工质为空气，$p_{in} = 101325$ Pa，$T_{in} = 293$ K，$n = 2900$ r/min。设计功率 $P = 120$ kW，$q_{V_1} = 1.038$ m³/s。为确保产品性能，需先进行实验。若实验台使用功率为 $P' = 60$ kW，转速和流量可以任意调节，实验工质仍为空气，$p'_{in} = 10^5$ Pa，$T'_{in} = 288$ K。

请确定实验模型的尺寸比、转速、实验流量，并证明你的计算符合离心压缩机相似条件，因而模型实验可反映产品性能。

解：

由功率关系得

$$m_1^2 = \frac{P'}{P}\frac{p_{in}\sqrt{RT_{in}}}{p'_{in}\sqrt{R'T'_{in}}} = \frac{60 \times 10^3}{120 \times 10^3} \times \frac{101325\sqrt{293}}{10^5\sqrt{288}} = 0.7148 \quad （几何相似）$$

由转速关系得

$$n' = \frac{1}{m_l}\frac{\sqrt{R'T'_{in}}}{\sqrt{RT_{in}}}n = \frac{1}{0.7148} \times \frac{\sqrt{288}}{\sqrt{293}} \times 2900 = 4022 \; (\text{r/min}) \quad （机器马赫数相等）$$

由流量关系得

$$q'_{V_1} = m_l^3 \frac{n'}{n}q_{V_1} = m_l^2 \frac{\sqrt{R'T'_{in}}}{\sqrt{RT_{in}}}q_{V_1} = 0.7148^2 \times \frac{\sqrt{288}}{\sqrt{293}} \times 1.038$$

$$= 0.5259 \; (\text{m}^3/\text{s}) \quad （速度三角形相似）$$

由于模型实验和实物机器的工作介质均为空气，因此 $K = K'$（热力过程相似）。

因为计算过程满足离心压缩机相似的四个条件，故模型实验可以反映产品性能。

【例7.2】 有一离心泵输送运动黏度为$\nu_p = 1.88 \times 10^{-4}$ m²/s的油液，该泵转速为$n_p = 2900$ r/min。若采用叶轮直径为原型叶轮直径1/3的模型来做实验，模型流动采用20 ℃的清水（$\nu_m = 1 \times 10^{-6}$ m²/s）。试求所采用的模型离心泵的转速n_m。

解：

满足雷诺准则，有

$$\frac{v_m l_m}{\nu_m} = \frac{v_p l_p}{\nu_p}$$

因为$\dfrac{v_m}{v_p} = \dfrac{l_m n_m}{l_p n_p}$，故有

$$k_v = k_l k_n$$

$$k_n = \frac{k_v}{k_l^2} = \frac{\dfrac{10^{-5}}{1.88 \times 10^{-4}}}{\left(\dfrac{1}{3}\right)^2} = 0.0479$$

所以

$$n_m = n_p k_n = 139 \ (\text{r/min})$$

【例7.3】 长度比例尺为$k_l = 1/40$的船模，当牵引速度为$v' = 0.54$ m/s时，测得波阻为$F_w' = 1.1$ N。如不计黏性影响，试求原型船的速度、波阻及消耗的功率。

解：

（1）重力作用。

$$Fr' = Fr, \quad g' = g$$

$$\frac{v'}{(g'l')^{\frac{1}{2}}} = \frac{v}{(gl)^{\frac{1}{2}}}, \quad k_v = k_l^{\frac{1}{2}}$$

$$v = \frac{v'}{k_v} = \frac{v'}{k_l^{\frac{1}{2}}} = \frac{0.54}{\left(\dfrac{1}{40}\right)^{\frac{1}{2}}} = 3.415 \ (\text{m/s})$$

（2）波阻作用。

$$Ne' = Ne, \quad \rho' = \rho$$

$$\frac{F_w'}{\rho' l'^2 v'^2} = \frac{F_w}{\rho l^2 v^2}, \quad k_F = k_l^2 k_v^2 = k_l^3$$

$$F_w = \frac{F_w'}{k_F} = \frac{F_w'}{k_l^3} = \frac{1.1}{\left(\dfrac{1}{40}\right)^3} = 70400 \ (\text{N})$$

（3）功率。

$$k_P = \frac{P'}{P} = \frac{F'_w v'}{F_w v} = k_{F_w} k_v = k_l^{\frac{7}{2}}$$

$$P = \frac{P'}{k_P} = \frac{F' v'}{k_l^{\frac{7}{2}}} = \frac{1.1 \times 0.54}{\left(\frac{1}{40}\right)^{\frac{7}{2}}} = 2.404 \times 10^5 \,(\text{W})$$

【例7.4】 气体中声速 C 依赖于密度 ρ、压强 p、黏度 μ，用量纲分析法求声速 C 的表达式。

解：

由于只涉及四个物理量，用瑞利法求解较为简单。

$$C = k\rho^x p^y \mu^z \tag{7.1}$$

式中，k——无量纲数。

由齐次性原理，得

$$LT^{-1} = (ML^{-3})^x (L^{-1}MT^{-2})^y (L^{-1}MT^{-1})^z$$

解得

$$x = -\frac{1}{2}, \quad y = \frac{1}{2}, \quad z = 0$$

故 $C = k\sqrt{\dfrac{p}{\rho}}$，与 μ 无关。

【例7.5】 低压轴流风机的叶轮直径为 $d = 0.4$ m，转速为 $n = 1400$ r/min，流量 q_v 为 1.39 m³/s，全压 $p_{te} = 128$ Pa，效率为 70%，空气密度为 $\rho = 1.20$ kg/m³。

（1）求消耗的功率 P。

（2）在保证流动相似和假定风机效率不变的情况下，试确定下列三种变动情况下的 q'_V，p'_{te}，P' 值：① n 变为 2800 r/min；② 风机相似放大，d' 变为 0.8 m；③ ρ' 变为 1.29 kg/m³。

解：

（1）输出功率。

$$P = \frac{q_V p_{te}}{\eta} = \frac{1.39 \times 128}{0.7} = 254.171 \,(\text{W})$$

（2）① 设模型的速度比尺为 K_v，则可求得流量、功率和全压的变动值如下。

$$K_v = K_n = \frac{2800}{1400} = 2$$

$$K_{q_v} = K_v K_l^2 = 2, \quad q_v' = K_{q_v} q_v = 2 \times 1.39 = 2.78 \, (\text{m}^3/\text{s})$$

$$K_{p_{te}} = K_\rho K_v^2 = 4, \quad p_{te}' = K_{p_{te}} p_{te} = 4 \times 128 = 512 \, (\text{Pa})$$

$$K_P = K_\rho K_l^2 K_v^3 = 8, \quad P' = K_P P = 8 \times 254.17 = 2033.36 \, (\text{W})$$

② 设模型的长度比尺为 K_l，则可求得流量、功率和全压的变动值如下。

$$K_l = \frac{0.8}{0.4} = 2$$

$$K_{q_v} = K_v K_l^2 = 4, \quad q_v'' = K_{q_v} q_v' = 4 \times 2.78 = 11.12 \, (\text{m}^3/\text{s})$$

$$K_{p_{te}} = K_\rho K_v^2 = 1, \quad p_{te}'' = K_{p_{te}} p_{te}' = 1 \times 512 = 512 \, (\text{Pa})$$

$$K_P = K_\rho K_l^2 K_v^3 = 4, \quad P'' = K_P P' = 4 \times 2033.36 = 8133.44 \, (\text{W})$$

③ 设模型的密度比尺为 K_ρ，则可求得流量、功率和全压的变动值如下。

$$K_\rho = \frac{1.29}{1.20} = 1.075$$

$$K_{q_v} = K_v K_l^2 = 4, \quad q_v'' = K_{q_v} q_v' = 1 \times 1.39 = 1.39 \, (\text{m}^3/\text{s})$$

$$K_{p_{te}} = K_\rho K_v^2 = 1.705, \quad p_{te}' = K_{p_{te}} p_{te} = 1.705 \times 128 = 137.6 \, (\text{Pa})$$

$$K_P = K_\rho K_l^2 K_v^3 = 1.705, \quad P' = K_P P = 1.705 \times 254.17 = 273.23 \, (\text{W})$$

【例7.6】 用布金汉 π 定理确定圆管流动中边壁切应力的表达式 τ_0。已知 τ_0 与液体的密度 ρ、液体的动力黏度 μ、圆管直径 D、管壁材料的粗糙度 Δ 及管中断面平均流速 v 有关。

解：

拟定函数关系式为

$$f(D, \ v, \ \rho, \ \tau_0, \ \mu, \ \Delta) = 0$$

选取 D（几何量）、v（运动量）、ρ（动力量）为基本量，建立 π 项：

$$\pi_1 = \frac{\tau_0}{D^{a_1} v^{b_1} \rho^{c_1}}, \quad \pi_2 = \frac{\mu}{D^{a_2} v^{b_2} \rho^{c_2}}, \quad \pi_3 = \frac{\Delta}{D^{a_3} v^{b_3} \rho^{c_3}}$$

对每一 π 项建立量纲关系式，排列量纲和谐方程求解 a_i，b_i，c_i。

对 π_1： $ML^{-1}T^{-2} = (L)^{a_i}(LT^{-1})^{b_i}(ML^{-3})^{c_i}$

已知 $\begin{cases} L: \ -1 = a_i + b_i - 3c_i, \\ T: \ -2 = -b_i, \\ M: \ 1 = c_i, \end{cases}$ 所以解得 $\begin{cases} a_i = 0, \\ b_i = 2, \\ c_i = 1, \end{cases}$ 所以求得

$$\pi_1 = \frac{\tau_0}{\rho v^2}$$

同理求得

$$\pi_2 = \frac{\mu}{Dv\rho} = \frac{1}{Re}, \quad \pi_3 = \frac{\Delta}{D}$$

将各 π 代入函数 f 得

$$f\left(\frac{\tau_0}{\rho v^2} \frac{1}{Re} \frac{\Delta}{D}\right) = 0$$

整理得

$$\frac{\tau_0}{\rho v^2} = f\left(\frac{1}{Re} \frac{\Delta}{D}\right)$$

令

$$f\left(\frac{1}{Re} \frac{\Delta}{D}\right) = \frac{\lambda}{8}$$

则

$$\tau_0 = \frac{\lambda}{8}\rho v^2$$

【例7.7】 有一辆轿车，高为 $h = 1.5$ m，在公路上行驶，设计时速为 $v = 108$ km/h，拟通过风洞模拟试验来确定此轿车在公路上以此速行驶时的空气阻力。已知该风洞系统为低速全尺寸风洞 $\left(k_l = \frac{2}{3}\right)$，并假定风洞试验段内气流温度与轿车在公路上行驶时的温度相同，试求：

（1）风洞试验时，风洞试验段内的气流速度应设置为多大？

（2）根据模拟轿车在风洞试验段中的风速，其空气阻力为 1000 N，若此轿车以 108 km/h 的速度在公路上行驶，所受的空气阻力有多大？

解：

（1）首先根据流动性质确定决定性相似准数，这里选取 Re 作为决定性相似准数。

$$Re_m = Re_p, \quad \frac{k_v k_l}{k_\nu} = 1$$

因为 $k_\nu = 1$，所以 $k_v = k_l^{-1}$。

由于 $k_l = \frac{l_m}{l_p} = \frac{2}{3}$，那么 $k_v = \frac{v_m}{v_p} = \frac{1}{k_l} = \frac{3}{2}$。

最后得到风洞试验段内的气流速度为

$$v_m = v_p k_v = 108 \times \frac{3}{2} = 162 \ (km/h) = 45 \ (m/s)$$

（2）在设计模型时，设置 k_ν，k_l，k_v 的值分别为

$$k_\nu = 1，\quad k_l = \frac{2}{3}，\quad k_v = \frac{3}{2}$$

在相同的流体和相同的温度时，流体密度比例系数为 $k_\rho = 1$，那么力比例系数为 $k_m k_\partial = k_\rho k_l^3 = k_l k_t^{-2} = k_\rho k_l^2 k_v^2$。

因此，$k_F = k_\rho k_l^2 k_v^2 = 1 \times \left(\frac{2}{3}\right)^2 \times \left(\frac{3}{2}\right)^2 = 1$。

则该轿车在公路上以 108 km/h 的速度行驶所遇到的空气阻力为

$$F_p = \frac{F_m}{k_F} = \frac{1000}{1} = 1000 \ (\text{N})$$

【**例 7.8**】 已知直径为 15 cm 的输油管，流量为 0.18 m³/s，油的运动黏度为 $\nu_p = 0.13$ cm²/s。现用水做模型实验，水的运动黏度为 $\nu_m = 0.013$ cm²/s。当模型的管径与原型相同时，要使两个流动相似，求水的流量 Q_m。若测得 5 m 长输水管两端的压强水头差为 $\dfrac{\Delta p_m}{\rho_m g_m} = 5$ (cm)，试求 100 m 长的输油管两端的压强差 $\dfrac{\Delta p_m}{\rho_p g_p}$ 为多少。（用油柱高表示。）

解：

（1）因圆管中流动主要受黏性力作用，所以应满足雷诺准则。即

$$\frac{v_m l_m}{\nu_m} = \frac{v_p l_p}{\nu_p}$$

因为 $l_m = l_p$（$k_l = 1$），上式可简化为

$$\frac{v_m}{v_p} = \frac{\nu_m}{\nu_p}$$

则流量比尺为

$$k_Q = k_v k_l^2 = k_v = k_\nu$$

所以模型中水的流量为

$$Q_m = \frac{\nu_m}{\nu_p} Q_p = \frac{0.013}{0.13} \times 0.18 = 0.018 \ (\text{m}^3/\text{s})$$

（2）流动的压降满足欧拉准则。即

$$\frac{\Delta p_m}{\rho_m v_m^2} = \frac{\Delta p_p}{\rho_p v_p^2}$$

$$\frac{\Delta p_{\mathrm{p}}}{\rho_{\mathrm{p}} g_{\mathrm{p}}} = \frac{\Delta p_{\mathrm{m}}}{\rho_{\mathrm{m}} g_{\mathrm{m}}} \frac{v_{p}^{2}}{v_{\mathrm{m}}^{2}} \frac{g_{\mathrm{m}}}{g_{\mathrm{p}}}$$

因为

$$v_{\mathrm{p}} = \frac{0.18}{\frac{\pi}{4} \times 0.15^{2}} = 10.19 \ (\mathrm{m/s})$$

$$v_{\mathrm{m}} = \frac{0.018}{\frac{\pi}{4} \times 0.15^{2}} = 1.019 \ (\mathrm{m/s})$$

$$g_{\mathrm{m}} = g_{\mathrm{p}}$$

则 5 m 长输油管两端的压强差为

$$\frac{\Delta p_{\mathrm{p}}}{\rho_{\mathrm{p}} g_{\mathrm{p}}} = \frac{\Delta p_{\mathrm{m}}}{\rho_{\mathrm{m}} g_{\mathrm{m}}} \frac{v_{p}^{2}}{v_{\mathrm{m}}^{2}} = 0.05 \times \frac{10.19^{2}}{1.019^{2}} = 5 \ (\mathrm{m}) \ （油柱）$$

100 m 长的输油管两端的压强差为

$$\frac{5}{5} \times 100 = 100 \ (\mathrm{m}) \ （油柱）$$

【例 7.9】 为研究输水管道上直径为 600 mm 阀门的阻力特性，采用直径为 300 mm、具有几何相似的阀门用气流做模型实验。已知输水管道的流量为 0.283 m³/s，水的运动黏度为 1×10^{-6} m²/s，空气的运动黏度为 1.6×10^{-5} m²/s，试求模型的气流量 Q_{m}。

解：

由题意可知，应满足雷诺准则，即

$$\frac{v_{\mathrm{m}} l_{\mathrm{m}}}{\nu_{\mathrm{m}}} = \frac{v_{\mathrm{p}} l_{\mathrm{p}}}{\nu_{\mathrm{p}}} \tag{7.2}$$

有

$$k_{v} = k_{\nu} k_{l}^{-1}, \quad k_{Q} = k_{v} k_{l}$$

因为

$$k_{l} = \frac{300}{600} = 0.5, \quad k_{\nu} = \frac{1.6 \times 10^{-5}}{1 \times 10^{-6}} = 16$$

则得到

$$k_{Q} = 8$$

$$Q_{\mathrm{m}} = Q_{\mathrm{p}} k_{Q} = 2.26 \ (\mathrm{m}^{3}/\mathrm{s})$$

【例 7.10】 已知描述现象的全部物理量有质量（m）、力（F）、速度（v）、时间（t），求物理受力产生运动现象的相似准则。

提示：

（1）相似准则是表征现象的各物理量的幂的乘积，即 $\pi = A^a B^b C^c \cdots$

（2）相似准则的量纲为 $[1]([\pi]=[A]^a[B]^b[C]^c\cdots=[1])$，由表征某一现象的物理量组成的无量纲量是相似准则。

解：

（1）写出相似准则通式及其量纲。

相似准则通式： $\pi = F^{x_1} m^{x_2} v^{x_3} t^{x_4}$。

相似准则通式的量纲： $[\pi]=[F]^{x_1}[m]^{x_2}[v]^{x_3}[t]^{x_4}$。

将其量纲表示为基本量纲的形式：

因为 $[F]=\text{LMT}^{-2}, [m]=\text{M}, [v]=\text{LT}^{-1}, [t]=\text{T}$，所以 $[\pi]=(\text{LMT}^{-2})^{x_1} \text{M}^{x_2} (\text{LT}^{-1})^{x_3} \text{T}^{x_4}$。

（2）根据 $[\pi]=[1]$ 解出相似准则通式中的未知指数。

由 $[\pi]=[1]=\text{L}^0\text{M}^0\text{T}^0$ 得方程组：

$$\begin{cases} x_1 + x_3 = 0 \\ x_1 + x_2 = 0 \\ -2x_1 - x_3 + x_4 = 0 \end{cases}$$

解方程组，得

$$\begin{cases} x_1 = x_4 \\ x_2 = x_4 \\ x_3 = -x_4 \end{cases}$$

故有无穷多组解，其基础解只有一组，其余的解都是基础解的线性组合。

令 $x_4 = 1$，得一组基础解： $x_1 = 1$，$x_2 = -1$，$x_3 = -1$，$x_4 = 1$。

（3）写出相似准则。

将基础解代入相似准则通式，得到相似准则为 $\pi = \dfrac{Ft}{mv}$。（此准则为牛顿准则： $Ne = \dfrac{Ft}{mv}$。）

【例7.11】 有一水泵，当其转速为 500 r/min 时，流量为 5 m³/s，扬程为 250 m。现若设计一长度缩尺为 $C_l = 10$ 的模型泵以预测原型泵的性能，试求：

（1）下列各种缩尺关系：质量缩尺 C_m，速度缩尺 C_Q，功率缩尺 C_N；

（2）模型泵的转速、流量和扬程。

解:

（1）
$$\because C_\rho = 1, \quad \therefore \frac{C_m}{C_l^3} = 1, \quad C_m = C_l^3 = 1000$$

$$\because C_g = 1, \quad \therefore \frac{C_l}{C_t^2} = 1, \quad C_t = C_l^{\frac{1}{2}}, \quad C_v = \frac{C_l}{C_t} = C_l^{\frac{1}{2}} = 3.16$$

$$C_Q = \frac{C_l^3}{C_t} = \frac{C_l^3}{C_l^{\frac{1}{2}}} = \frac{1000}{3.16} = 316;$$

$$C_N = C_f C_v = C_f C_v = 1000 \times 3.16 = 3160。$$

（2）设扭矩缩尺为 C_M，则可求得转速缩尺的具体值为

$$Cn = \frac{C_N}{C_M} = \frac{C_N}{C_f C_l} = \frac{C_N}{C_m C_l} = \frac{3160}{1000 \times 10} = 0.316$$

故模型泵转速为

$$\frac{500}{0.316} = 1580 \, (\text{r/min})$$

模型泵流量为

$$\frac{5}{C_Q} = \frac{5}{316} \approx 0.016 \, (\text{m}^3/\text{s})$$

模型泵扬程为

$$\frac{250}{C_l} = \frac{250}{10} = 25 \, (\text{m})$$

【例7.12】 一个自由落体在时间 t 内落下的距离为 S。

（1）试写出它的一般方程和 π 项；

（2）试在上例情况下直接导出 π 项。

解:

（1）此题重要的是确定因变量 S 的影响因素。如果正确地选择了时间 t 和重力加速度 g 作为影响因素，即 $S = f(g, t)$，则物理方程的形式为

$$S = C_a g^{c_1} t^{c_2} \tag{7.3}$$

式中，C_a——无量纲系数。

以各物理量的量纲代入式（7.3），得

$$L = (LT^{-2})^{C_1} T^{C_2} \tag{7.4}$$

根据方程量纲齐次的原则，式（7.4）左、右侧具有相同的量纲，故

$$\begin{cases} L: \ 1 = C_1 \\ T: \ 0 = -2C_1 + C_2 \end{cases} \tag{7.5}$$

解式（7.5），得 $C_1 = 1$，$C_2 = 2$。故自由落体的一般方程为

$$S = C_a g t^2 \tag{7.6}$$

因为对于相似分析说来，不带量纲的系数无关紧要，故式（7.6）为最终方程。这时将式（7.6）中的一项去除另一项，即得本现象的 π 项为 $\dfrac{gt^2}{s}$ 或 $\dfrac{s}{gt^2}$。

（2）首先要注意到 π 项的两个特点，即 π 项为各物理量的函数且为无量纲。因此，有

$$\pi = s^a g^b t^c \tag{7.7}$$

或者写成量纲方程形式：

$$[\pi] = L^0 T^0 = L^a (LT^{-2})^b T^c \tag{7.8}$$

根据方程量纲齐次原则，可得

$$\begin{cases} L: & a + b = 0 \\ T: & -2b + c = 0 \end{cases} \tag{7.9}$$

式（7.9）中，未知数的数目（3个）大于方程组的方程数（2个），故式（7.9）无法解出 a，b，c 的具体值。为了解决问题，必须设定其中的一个值。若此时 $a = -1$，则 $b = 1$，$c = 2$，故所求 π 项为

$$\pi = \frac{gt^2}{s}$$

也可以将 a 设定为其他任意非零值。例如，当设 $a = 1$ 时，$b = -1$，$c = -2$，可得

$$\pi' = \frac{s}{gt^2}$$

由于 $\pi' = \pi^{-1}$，故 π' 仍是相似准则。

【**例7.13**】 不可压缩黏性流体在粗糙管内定常流动时，沿管道的压强降（Δp）与管道长度（L）、内径（d）、绝对粗糙度（ε）、流体的平均速度（v）、密度（ρ）和黏度（μ）有关。

（1）试用瑞利法导出压强降的表达式；

（2）试用 π 定理导出不可压缩黏性流体在粗糙管内定常流动压强降的表达式。

解：

（1）按照瑞利法可以写出压强降。

$$\Delta p = k L^{a_1} d^{a_2} \varepsilon^{a_3} v^{a_4} \rho^{a_5} \mu^{a_6}$$

如果用基本量纲表示方程中的各物理量，则有

$$ML^{-1}T^{-2} = L^{a_1}L^{a_2}L^{a_3}(LT^{-1})^{a_4}(ML^{-3})^{a_5}(ML^{-1}T^{-1})^{a_6} \qquad (7.10)$$

根据物理方程量纲一致性原则有

$$\begin{cases} L: & -1 = a_1 + a_2 + a_3 + a_4 - 3a_5 - a_6 \\ T: & -2 = -a_4 - a_6 \\ M: & 1 = a_5 + a_6 \end{cases}$$

6个指数有3个代数方程，只有3个指数是独立的、待定的。例如，取 a_1, a_3, a_6 为待定系数，联立求解，可得

$$\begin{cases} a_4 = 2 - a_6 \\ a_5 = 1 - a_6 \\ a_2 = -a_1 - a_3 - a_6 \end{cases} \qquad (7.11)$$

代入式（7.10）中，可得

$$\Delta p = k\left(\frac{L}{d}\right)^{a_1}\left(\frac{\varepsilon}{d}\right)^{a_2}\left(\frac{\mu}{\rho v d}\right)^{a_6}\rho v^2 \qquad (7.12)$$

由于沿管道的压强降是随管长线性增加的，故 $a_1 = 1$，式（7.12）右侧第一个零量纲量为管道的长径比，第二个零量纲量为相对粗糙度，第三个零量纲量为相似准数 $\frac{1}{Re}$，于是可将式（7.12）写成

$$\Delta p = f\left(Re, \frac{\varepsilon}{d}\right)\frac{L}{d}\frac{\rho v^2}{2} \qquad (7.13)$$

令 $\lambda = f\left(Re, \frac{\varepsilon}{d}\right)$，称为沿程损失系数，由实验确定，则式（7.13）变成

$$\Delta p = \lambda \frac{L}{d}\frac{\rho v^2}{2} \qquad (7.14)$$

令 $h_f = \frac{\Delta p}{\rho g}$，则得单位重量流体的沿程损失为

$$h_f = \lambda \frac{L}{d}\frac{v^2}{2g} \qquad (7.15)$$

这就是计算沿程损失的达西-魏斯巴赫公式。

可以看出，对于变量较少的简单流动，用瑞利法可以方便地直接求出结果；对于变量较多的复杂流动，比如有 n 个变量，由于按照基本量纲只能列出3个代数方程，待定系数便有 $n-3$ 个，这样便出现了待定系数选取的问题。

（2）根据与压强降有关的物理量可以写出物理方程式。

$$F(\Delta p, \ \mu, \ L, \ \varepsilon, \ d, \ v, \ \rho) = 0 \qquad (7.16)$$

式（7.16）中有7个物理量，选取 d，v，ρ 为基本量，可以用它们组成4个零量纲量，即

$$\pi_1 = \frac{\Delta p}{d^{a_1} v^{b_1} \rho^{c_1}}, \ \ \pi_2 = \frac{\mu}{d^{a_2} v^{b_2} \rho^{c_2}}$$

$$\pi_3 = \frac{L}{d^{a_3} v^{b_3} \rho^{c_3}}, \ \ \pi_4 = \frac{\varepsilon}{d^{a_4} v^{b_4} \rho^{c_4}}$$

用基本量纲表示 π_1 中的各物理量，得

$$ML^{-1}T^{-2} = L^{a_1}(LT^{-1})^{b_1}(ML^{-3})^{c_1}$$

根据物理方程量纲一致性原则有

$$\begin{cases} L: \ -1 = a_1 + b_1 - 3c_1 \\ T: \ -2 = -b_1 \\ M: \ 1 = c_1 \end{cases}$$

解得 $a_1 = 0$，$b_1 = 2$，$c_1 = 1$，故有

$$\pi_1 = \frac{\Delta p}{\rho v^2} = Eu$$

用基本量纲表示 π_2 中的各项物理量，得

$$ML^{-1}T^{-1} = L^{a_2}(LT^1)^{b_2}(ML^{-3})^{c_2}$$

根据物理方程量纲一致性原则，解得 $a_2 = 1$，$b_2 = 1$，$c_2 = 1$，故有

$$\pi_2 = \frac{\mu}{\rho v d} = \frac{1}{Re}$$

用基本量纲表示 π_3 和 π_4 中的各项物理量，得相同的量纲

$$L = L^{a_{3,4}}(LT^{-1})^{b_{3,4}}(ML^{-3})^{c_{3,4}}$$

根据物理方程量纲一致性原则，解得 $a_{3,4} = 1$，$b_{3,4} = 0$，$c_{3,4} = 0$，故有

$$\pi_3 = \frac{L}{d}, \ \pi_4 = \frac{\varepsilon}{d}$$

将所有 π 值代入，可得

$$\Delta p = f\left(Re, \ \frac{\varepsilon}{d}\right) \frac{L}{d} \frac{\rho v^2}{2} = \lambda \frac{L}{d} \frac{\rho v^2}{2}$$

上述结果与瑞利法导出的结果完全一样，但用 π 定理推导时不会出现待定指数的选取问题。

【**例7.14**】 已知采煤机的滚筒主要由滚筒直径（D）、铜鼓直径（D_y）、叶

片头数（h）、叶片截齿个数（m）、截齿安装角（β）、牵引速度（v，m/min）、转速（n，r/min）、煤的密度（ρ_c，kg/m^3）、岩石密度（ρ_s，kg/m^3）、重力加速度（G，m/s^2）、滚筒所受载荷（F，N）决定，试求解采煤机滚筒的相似系数。

解：

根据题意可知叶片头数 h、叶片截齿个数 m、截齿安装角 β 均为无量纲参数，不需要进行相似准则的推导。根据相似第二准则可知，需要推导相似判据的参数为8个，其中基本量纲数有3个，则得到π法则数有5个，通过指数来建立参数量纲和MLT基本量纲系统之间的关系：

$$D：M^0L^1T^0 \qquad D_y：M^0L^1T^0$$

$$v：M^0L^1T^1 \qquad n：M^0L^0T^{-1}$$

$$\rho_c：M^1L^{-3}T^0 \qquad \rho_s：M^1L^{-3}T^0$$

$$G：M^0L^1T^{-2} \qquad F：M^1L^1T^{-2}$$

根据基本量纲关系得出指数关系式：

$$\begin{cases} M：a_5 + a_6 + a_8 = 0 \\ L：a_1 + a_2 + a_3 - 3a_5 - 3a_6 + a_7 + a_8 = 0 \\ T：-a_3 - a_4 - 2a_7 - 2a_8 = 0 \end{cases}$$

列出无量纲π值

$$\pi_1 = D^{a_1}\rho_s^{a_2}G^{a_3}F^{a_4}$$

$$\pi_2 = D_y^{a_1}\rho_s^{a_2}G^{a_3}F^{a_4}$$

$$\pi_3 = v^{a_1}\rho_s^{a_2}G^{a_3}F^{a_4}$$

$$\pi_4 = n^{a_1}\rho_s^{a_2}G^{a_3}F^{a_4}$$

$$\pi_5 = \rho_c^{a_1}\rho_s^{a_2}$$

根据量纲和谐性原理，利用指数关系式得到各π项中的指数分别确定如下，其量纲式为

$$\pi_1 = D^1\rho_s^{\frac{1}{3}}G^{\frac{1}{3}}F^{-\frac{1}{3}}$$

$$\pi_2 = D_y^1\rho_s^{\frac{1}{3}}G^{\frac{1}{3}}F^{-\frac{1}{3}}$$

$$\pi_3 = v^1\rho_s^{\frac{1}{6}}G^{\frac{2}{3}}F^{-\frac{1}{6}}$$

$$\pi_4 = n^1\rho_s^{-\frac{1}{6}}G^{-\frac{2}{3}}F^{\frac{1}{6}}$$

$$\pi_5 = \rho_c^1\rho_s^{-1}$$

求出相似系数表达式：

$$C_D^1 C_{\rho_s}^{\frac{1}{3}} C_G^{\frac{1}{3}} = C_F^{\frac{1}{3}}$$

$$C_{D_y}^1 C_{\rho_s}^{\frac{1}{3}} C_G^{\frac{1}{3}} = C_F^{\frac{1}{3}}$$

$$C_v^1 C_{\rho_s}^{\frac{1}{6}} C_G^{\frac{2}{3}} = G_F^{\frac{1}{6}}$$

$$C_n^1 C_F^1 = C_{\rho_s}^{\frac{1}{6}} C_G^{\frac{2}{3}}$$

$$C_{\rho_s}^1 = C_{\rho_e}^1$$

【例7.15】 假如有一个小球（雷诺数非常小）在黏性液体中自由下落或上升（如图7.1所示）。它起初加速运动，但是，由于液体的黏性阻力随速度的增加而增加，小球的速度越来越低，最后达到一个速度（v），那么如何确定这个速度？（这个问题如果利用流体力学的方程来精确求解，其实是非常困难的，这里使用量纲分析来解决这个问题。）

解： 从物理直觉上分析，小球运动受到浮力和液体阻力的联合作用，

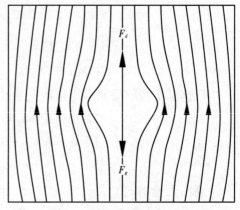

图7.1　小球在黏性液体中运动

显然这个速度问题与以下几个物理量有关系，但具体关系尚不清楚。这些相关物理量是小球的特征尺度 R（小球不一定必须是圆球，如果是圆球，特征尺度 R 就是圆球的半径），ρ_s，ρ_f 分别是小球和液体介质的密度，μ 是液体的动力黏度，由于是自由落体显然与重力加速度 g 有关。这些参量的量纲列于表7.1中。

表7.1　小球在黏性液体中运动问题的各参量的量纲

物理量	v	g	ρ_s	ρ_f	μ	R
量纲	LT^{-1}	LT^{-2}	ML^{-3}	ML^{-3}	$ML^{-1}T^{-1}$	L

这个问题可以表示成以下函数：

$$v = f(\rho_s,\ \rho_f,\ \mu,\ R,\ g) \tag{7.17}$$

从物理上分析，下落的速度应当与小球和液体的密度差 $\Delta\rho = \rho_s - \rho_f$ 成比

例，这样式（7.17）可以改写成

$$v = f(\Delta\rho, \ \mu, \ R, \ g) \tag{7.18}$$

不使用以上方法，直接设速度 v 可以表达成以下幂指数形式：

$$v = CR^a(\rho_s - \rho_f)^b \mu^c g^d \tag{7.19}$$

式（7.19）中，C 是一个常数，把这些参量的量纲代入这个关系，根据量纲一致性原理，得到用 a 表示的其他幂指数

$$b = \frac{2a-1}{3}, \ c = \frac{1-2a}{3}, \ d = \frac{1+a}{3}$$

所以有以下关系：

$$v = CR^a(\rho_s - \rho_f)^{\frac{2a-1}{3}} \mu^{\frac{1-2a}{3}} g^{\frac{d(1+a)}{3}} \tag{7.20}$$

现在的问题是如何确定 a。再从物理上考虑，引起小球运动的单位体积浮力是 $(\rho_s - \rho_f)g$，所以式（7.20）中的 $\rho_s - \rho_f$ 必须与 g 具有相同的幂指数，即

$$\frac{2a-1}{3} = \frac{1+a}{3}$$

解得 $a = 2$，至此，就得到了小球下落或上升的速度为

$$v = C\frac{R^2(\rho_s - \rho_f)g}{\mu} \tag{7.21}$$

对于圆球情况，理论上可以确定 $C = \frac{2}{9}$。从式（7.21）可以看出，小球下落或上升的速度与小球的面积（R^2）尺度成正比、与密度差（$\Delta\rho$）成正比，特别是小球密度大于液体时小球下落；反之，小球上升。

从物理学的角度来看，在这个速度，小球运动处于浮力 F_g 与液体阻力 F_d 相互平衡即相等的状态：$F_g = F_d$。

由于小球是完全的球形，其浮力 F_g 根据阿基米德定律为

$$F_g = (\rho_s - \rho_f)g\frac{4}{3}\pi R^3$$

浮力的表达式可以改写成速度的函数：

$$F_g = (\rho_s - \rho_f)g\frac{4}{3}\pi R^3 = 6\pi\mu Rv$$

所以，可以得到小球在黏性液体中运动的阻力为

$$F_d = 6\pi\mu Rv$$

如果采用 π 定理，对于 v，$\Delta\rho$，μ，R，g 这 5 个参量，可以得到 2 个无量

纲的 π，即

$$\pi_1 = \frac{Rg}{v^2}, \quad \pi_2 = \frac{\mu}{\Delta\rho vR}$$

根据 π 定律，可以得到

$$\pi_1 = f(\pi_2), \quad \frac{v^2}{Rg} = f(\overline{Re}) \tag{7.22}$$

式（7.22）中，

$$\overline{Re} = \frac{\Delta\rho vR}{\mu} = \frac{\rho_s vR}{\mu} - \frac{\rho_f vR}{\mu}$$

从而得到小球的速度为

$$v = C\overline{Re} = \frac{C(\rho_s - \rho_f)gR^2}{\mu} \tag{7.23}$$

式（7.23）中的关系也可以从物理上进一步理解，浮力 F_g 是正比于尺度 R^3，F_d 阻力是正比于尺度 R，所以，小球运动速度正比于尺度 R^2。

【例7.16】 点爆炸问题。

传统意义上的爆炸是类似于 TNT 等硝铵类炸药在极短时间内释放出大量能量，产生高温，并放出大量气体，在周围介质中造成高压的化学反应或状态变化。它不同于核武器这类物理爆炸。在原子弹被造出来之前，研究人员想要知道这种利用物理原理造成的爆炸威力是否比化学原理爆炸的炸弹威力大，而爆炸威力与爆炸冲击波的半径又有关系，所以这个问题就转变成了计算冲击波半径的问题。当时的研究人员经过处理发现这是一个非线性方程组，以当时的科学技术，不可能计算出结果。英国一位力学教授利用量纲分析法得出了结果。

设空气绝热系数 γ（表征空气的可压缩性，无量纲），在爆炸时间为 t 时球形冲击波的波阵面半径为 R，波阵面相当于一个球形边界面，内部是超热的火球，外面是正常大气，其密度为 ρ_0，压强比球内压强小几个数量级，因此可以忽略不计。这样，这个复杂的问题就简化成一个只有5个参量的问题，即希望知道球形冲击波的波阵面的半径：

$$R = f(E, \gamma, \rho_0, t) \tag{7.24}$$

式（7.24）中的符号 f 只代表是一种函数关系，不是具体的一个函数。下面使用量纲分析来研究这些量之间的关系。

这里有 $n=5$ 个参量（见表7.2），基本量纲有质量 m、长度 L 和时间 t，即 $j=3$。

表7.2 点源爆炸强度参数的量纲

物理量	R	E	γ	ρ_0	t
量纲	L	ML^2T^{-2}	1	ML^{-3}	T

根据 π 定理，可以构造出 $k=n-3=2$ 个无量纲的 π。取 E，t，ρ_0 为重复变量，则有如下关系：

$$\pi_1 = RE^a\rho_0{}^b t^c$$

$$\pi_2 = \gamma E^\alpha \rho_0{}^\beta t^\lambda$$

由于 γ 是无量纲量，所以 $\alpha = \beta = \lambda = 0$，即 $\pi_2 = \gamma$。对于 π_1，有

$$\dim \pi_1 = L\left(ML^2T^{-2}\right)^a \left(ML^{-3}\right)^b T^c$$

可得到幂次数为

$$a = -\frac{1}{5}, \quad b = -\frac{1}{5}, \quad c = -\frac{2}{5}$$

这样就得到 π_1 为

$$\pi_1 = RE^{-\frac{1}{5}}\rho_0^{-\frac{1}{5}}t^{-\frac{2}{5}}$$

根据量纲分析理论，就有关系 $\pi_1 = S(\pi_2)$，即

$$RE^{-\frac{1}{5}}\rho_0^{-\frac{1}{5}}t^{-\frac{2}{5}} = S(\gamma) \tag{7.25}$$

式（7.25）中，$S(\gamma)$ 是常数，所以就得到球形冲击波的波阵面的半径为

$$R = S(\gamma)RE^{-\frac{1}{5}}\rho_0^{-\frac{1}{5}}t^{\frac{2}{5}} \tag{7.26}$$

以上就是 Taylor 的时间 $\frac{2}{5}$ 幂次方，冲击波的波阵面半径是时间的 $\frac{1}{5}$ 幂次方，后来计算确定 $S(\gamma) \approx 1.033$。

从式（7.26）可得球形冲击波的波阵面上的速度为

$$v(t) = \frac{2}{5}S(\gamma)RE^{-\frac{1}{5}}\rho_0^{-\frac{1}{5}}t^{-\frac{3}{5}}$$

由此可见，球形冲击波的波阵面上的速度是变化的，并且随时间的增大而衰减，当时间很大时速度趋于零。

球形冲击波的波阵面上的加速度为

$$a(t) = -\frac{6}{25}S(\gamma)RE^{-\frac{1}{5}}\rho_0^{-\frac{1}{5}}t^{-\frac{8}{5}}$$

由此可见，球形冲击波的波阵面上的加速度是变化的，是加速度冲击波，也随时间增大而衰减。

球形冲击波的波阵面后面的压强为

$$p(t) = C(\gamma)E^{\frac{2}{5}}\rho_0^{\frac{3}{5}}t^{\frac{6}{5}}$$

由此可见，球形冲击波的波阵面上的压强在爆炸中心附近非常大，并随时间迅速衰减。

参考文献

[1] 周美立. 相似工程学[M]. 北京:机械工业出版社,1998.

[2] 沈自求. 相似理论及其在化工上的应用[M]. 北京:高等教育出版社,1959.

[3] 江守一郎,等. 模型实验的理论和应用[M]. 北京:科学出版社,1984.

[4] 李铁才,李西峙. 相似性和相似原理[M]. 哈尔滨:哈尔滨工业大学出版社,2014.

[5] 徐挺. 相似理论与模型实验[M]. 北京:中国农业机械出版社,1982.

[6] 徐挺. 相似方法及其应用[M]. 北京:机械工业出版社,1995.

[7] 崔广心. 相似理论与模型实验[M]. 徐州:中国矿业大学出版社,1990.

[8] 宋彧. 相似模型实验原理[M]. 北京:人民交通出版社,2016.

[9] 谢多夫. 力学中的相似方法与量纲理论[M]. 北京:科学出版社,1982.

[10] 威尔特,威克斯,威尔逊,等. 动量、热量和质量传递原理[M]. 4版. 北京:化学工业出版社,2005.

[11] 王丰. 相似理论及其在传热学中的应用[M]. 北京:高等教育出版社,1990.

[12] 基尔皮契夫. 相似理论[M]. 北京:科学出版社,1955.

[13] 李之光. 相似与模化:理论及应用[M]. 北京:国防工业出版社,1982.

[14] 袁文忠. 相似理论与静力学模型实验[M]. 成都:西南交通大学出版社,1998.

[15] 朱充. 基于相似理论的狭义尺寸效应量化研究[D]. 长沙:中南大学,2013.

附　录

附录1　在各领域中被特殊命名的相似准则

在各领域中被特殊命名的相似准则如表F.1所列。

表F.1　在各领域中被特殊命名的相似准则

相似准则名称	主要应用范围	组成的主要物理法则
阿基米德数（Ar）	由浮动引起的运动	重力法则，惯性力，牛顿流体黏性
阿尔芬数（Al）（又称卡门数或磁马赫数）	导电性流体与电磁场的相互作用	洛伦兹力，牛顿惯性力
韦伯数（We）	受表面张力影响的现象	牛顿惯性及有关表面张力的法则
埃克曼数（Ek）	参照雷诺数	参照雷诺数
埃克尔特数（Ec）	受迫对流传热	牛顿惯性，蓄积热引起的温升
M数	液体中的气泡运动	重力，牛顿惯性，牛顿流体黏性，表面张力
欧拉数（Eu）	管流，气蚀，流体机械	同牛顿数
奥内佐格数（Oh）	参照Z数	参照Z数
科尔伯恩数组（Co）	参照施密特数	参照施密特数
卡门数（Ka）	参照雷诺数	参照雷诺数
伽利略数（Ga）	由浮动引起的运动	重力法则，惯性力，牛顿流体黏性
气蚀系数	参照欧拉数	参照欧拉数
冷凝传热系数（Cv，Co，麦克亚当斯组数）	由冷凝气体向冷固表面的对流传热	重力，牛顿流体黏性，导热，对流传热，冷凝的潜热
克努森数（Kn）	稀薄气体在固体壁附近的流动	稀薄气体的黏性，理想气体的绝热压缩，牛顿惯性
格拉晓夫数（Gr）	热气体的流动	用重力代表的浮力，惯性力，牛顿流体的黏性力，流体的热膨胀

130

表 F.1（续）

相似准则名称	主要应用范围	组成的主要物理法则
柯西数（Ca）	结构体的弹性振动	牛顿惯性，胡克弹性
西尔系数（Th）	参照达姆克勒数组 Ⅱ	参照达姆克勒数组 Ⅱ
舍伍德数（Sh）（又称泰勒数）	对流传质	对流传质及关于扩散的斐克法则
施密特数（Sc）（又称科尔伯恩数组）	动量交换和伴有传质的流动	关于扩散的斐克法则，牛顿流体黏性
磁压力系数	参照阿尔芬数	参照阿尔芬数
磁普朗特数（Pr）	导电流体中的电磁现象	洛伦兹力，欧姆法则，牛顿惯性，牛顿流体黏性
磁雷诺数（Rm）	电磁流体力学	麦克斯韦方程和欧姆法则
斯坦顿数（St）	固体壁与流体间的传热	蓄积热产生的温升，传热法则
斯蒂芬数（Ste）	热辐射现象	斯蒂芬-玻尔兹曼热辐射法则，导热法则
斯特劳哈尔数（Sr）	弹性结构体的振动和卡门涡旋	牛顿惯性及弹簧常数
思林数（Th）	辐射传热	斯蒂芬-玻尔兹曼热辐射法则和蓄积热产生的温升
Z 数（又称奥内佐格数）	流体的微粒化	牛顿惯性，牛顿流体黏性，有关表面张力的法则
速度系数	参考磁雷诺数	参考磁雷诺数
佐默菲尔德数	参考拉格朗日数	参考拉格朗日数
达姆克勒数组 Ⅰ（D_1）	混合气体的化学反应	仅由定义产生，没有有关的物理法则
达姆克勒数组 Ⅱ（$D_{Ⅱ}$）	混合气体的化学反应	关于扩散的斐克法则
达姆克勒数组 Ⅲ（$D_{Ⅲ}$）	混合气体的化学反应	蓄热产生的温升
达姆克勒数组 Ⅳ（$D_{Ⅳ}$）	混合气体的化学反应	关于导热的傅里叶法则
达西摩擦系数（管流）	参照欧拉数	参照欧拉数
阻力系数（物周的流动）	参照牛顿数	参照牛顿数
德博拉数（De）	黏弹性流体的流动	实用的且用于说明黏弹性材料性质的经验公式非常多，但共同点是都要把弹性力和黏性力考虑进去
泰勒数	参照雷诺数及舍伍德数	参照雷诺数及舍伍德数
托马数（σ_T）	发生气蚀的现象	仅由定义产生，与物理法则无关
动力系数	参照牛顿数	参照牛顿数

表F.1（续）

相似准则名称	主要应用范围	组成的主要物理法则
牛顿数（Ne）	物体周围的流动	牛顿惯性，外力
努塞尔数（Nu）	传热	导体，固体壁与流体间的传热
霍奇森数（Ho）	变动气体的流动	蓄热引起的温升，理想气体状态方程，牛顿惯性
哈脱曼数（Ha）	受磁场影响的导电流体的运动	洛伦兹力，有关穿过磁场的导电流体中感应电流的麦克斯韦方程，欧姆法则，牛顿流体的黏性
魏森贝格数	参照德博拉数	参照德博拉数
比速度（涡轮式流体机械）	参照欧拉数	参照欧拉数
比奥数	参照努塞尔数	参照努塞尔数
宾厄姆数（Bi）	宾厄姆材料的变形	决定宾厄姆材料应力的公式
范宁摩擦系数（管流）	参照欧拉数	参照欧拉数
傅里叶数（Fo）	导热	蓄热引起的温升和有关导热的法则
弗劳德数（Fr）	受重力影响的运动	牛顿惯性力及重力
普朗特数（Pr）	受迫对流传热	牛顿惯性，牛顿流体黏性，蓄积热引起的温升，传导热
黑德施特勒姆数	参考宾厄姆数	参考宾厄姆数
贝克来数（Pe）	固体传热，管流中从固体壁向沿着它流动的液体的传热	同傅里叶数（因 $Pe = 1/Fo$）
传质贝克来数（Pe^*）	扩散	关于扩散的斐克法则
霍顿数（Ho）	水流对地表的浸蚀	牛顿惯性和对浸蚀的阻力
邦德数（Bo）	缸内流体的运动及流体的雾化	重力法则及表面张力
麦克亚当斯数组	参照冷凝传热系数	参照冷凝传热系数
马赫数（Ma）	气体的绝热压缩及气体的超音速流动	理想气体的绝热变化，牛顿惯性
力矩系数（物周的流动）	参照牛顿数	参照牛顿数
升力系数（物周的流动）	参照牛顿数	参照牛顿数
拉格朗日数（La）	层流流动	牛顿流体黏性

表 F.1（续）

相似准则名称	主要应用范围	组成的主要物理法则
恢复系数	参照埃克尔特数	参照埃克尔特数
理查森数（Ri）	受温差影响的流体的运动	牛顿惯性，用重力代表的浮力
刘易斯数（Le）	传热与传质	热传导，蓄积热引起的温升，关于扩散的斐克法则
雷诺数（Re）	流体的运动，速度变动很大的流动	牛顿流体的黏性，牛顿惯性力
瑞利数（Ra）	气体中的传热	浮力，牛顿流体黏性，蓄积热引起的温升，热传导
罗斯比数（Ro）	大气的移动和海流	用离心力和科里奥利力表示的牛顿惯性力
y 数	参照雷诺数	参照雷诺数

附录 2　量纲的相对性

力学研究并不总是可以通过数学推理和计算来实现的。在许多情况下，求解力学问题（如求解航空力学、流体力学领域中的某些重要问题）时，会遇到难以克服的数学困难。这时既没有运动方程组，也找不到满意的模型。

有时，在一些复杂现象的初始研究阶段，量纲理论是唯一可行的理论工具。但要从两方面来纠正对它的错误认识：一是不要过高估计它的作用，因为它毕竟是有限的和非实质性的；二是要看到，如果将量纲分析与从实验得出的或通过数学途径从运动方程得出的启示相结合，往往可以获得相当重要的结果。

量纲分析方法的实用价值加强了它在人类科技实践中的地位，但也不能不看到各种物理量量纲所固有的那种相对性的实质。

在研究机械能转化为热能的现象时，人们必须考虑两个带有量纲的物理常数：① 热功当量 $J(\text{N·m/J})$；② 比热容 $c[\text{J/(kg·K)}]$，或者气体常数 $R[\text{J/(mol·K)}]$、玻尔兹曼常数 $k(\text{J/K})$。如果用力学单位来度量热量和温度，那么 J 和 c，R，k 将作为绝对的无量纲常数引入公式，它们的含义仅相当于单位转换时的转换系数，就像把米转换成英尺、尔格转换成焦耳一样。

　　人们有基本量纲的概念，并且知道基本量纲对一般性的力学问题而言，数目是3个：F，L，T或M，L，T。但在把所有力同万有引力做比较的情况下，有可能使选取的基本量纲目数少于3个（虽然在万有引力不起作用的问题中，这样做既不方便也很牵强）。在绝对单位制中，力一般由等式 $F=ma$ 来定义，而万有引力则由等式 $F=\gamma\dfrac{m_1 m_2}{v^2}$ 来定义。这里 γ 为万有引力常数，具有量纲 $[\gamma]=$ $M^{-1}L^3T^{-2}$。同在用力学单位度量热量时可以用无量纲常数代替有量纲的热功当量常数那样，万有引力常数也可以认为是绝对的无量纲常数，这就决定了质量量纲 $[m]$ 对 L 和 T 的依赖关系：$[m]=M=L^3T^{-2}$。

　　相应地，力的量纲 $[F]$ 对 L 和 T 的依赖关系为

$$[F]=[m][a]=F=L^3T^{-2}LT^{-2}=L^4T^{-4}$$

　　因此，在把万有引力常数看作绝对的无量纲常数时，便总共只有两个独立的度量单位。进一步地，如果再把一个有量纲的物理常数（如水的运动黏度或真空中光的速度）取为绝对的无量纲常数，那么独立的度量单位的数目便可减少为一。可以运动黏度 μ 为例。μ 具有量纲 $[\mu]=ML^{-1}T^{-1}M=L^3T^{-2}L^2T^{-3}$，故若将 μ 视作绝对常数，便可看出时间的量纲 $[t]$ 对 L 的依赖关系：$[t]=T=L^{\frac{2}{3}}$。这时，与之相对应的质量 m 的量纲为 $[m]=M=L^3T^{-2}=L^3\left(L^{\frac{2}{3}}\right)^{-2}=L^{\frac{5}{3}}$；与之相对应的力 F 的量纲为 $[F]=F=L^4T^{-4}=L^4\left(L^{\frac{2}{3}}\right)^{-4}=L^{\frac{4}{3}}$。

　　最后，如果把相应的物理常数都取为绝对的无量纲常数，那么就可以把所有的物理量都看作无量纲。在这种情况下，就排除了采用不同度量系统的可能性。这时所有具有量特征的数值都由它们的物理量唯一确定。

　　只是由于不同量纲表现在不同领域中的相对重要性，量纲才被保留了下来，并采取不同的用以说明各该领域特征的量纲组合。

　　量纲就其在力学中的属性而言是相对的。